AF470204

COUP-D'ŒIL

SUR LA

SITUATION AGRICOLE

DE LA

GUIANE FRANÇAISE,

Par M. le général LOUIS BERNARD.

PARIS

DE L'IMPRIMERIE D'AD. BLONDEAU, RUE RAMEAU, 7,
(PLACE RICHELIEU).
1842.

SITUATION AGRICOLE

DE

LA GUIANE FRANÇAISE

COUP-D'ŒIL

SUR LA

SITUATION AGRICOLE

DE LA

GUIANE FRANÇAISE,

Par M. le général LOUIS BERNARD.

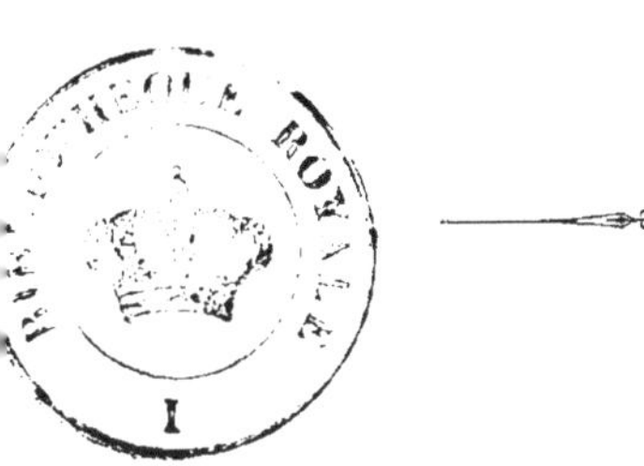

PARIS

DE L'IMPRIMERIE D'AD. BLONDEAU, RUE RAMEAU, 7,
(PLACE RICHELIEU).
1842.

COUP-D'OEIL

SUR

LA SITUATION AGRICOLE

DE

LA GUIANE FRANÇAISE.

Il est des époques, dans les affaires privées comme dans les affaires publiques, où il devient urgent d'étudier avec une profonde attention la position du moment.

Le temps, dans sa marche rapide et incessante, apporte sur tout ce qui existe des changements dont on s'aperçoit à peine pendant qu'ils s'opèrent ; aujourd'hui nous semble encore être ce qu'était hier ; et cependant, après une certaine période, d'immenses changements sont survenus. Quelle comparaison, par exemple, peut-on faire entre ce que sont aujourd'hui les colonies et ce qu'elles étaient il y a cinquante ans ? Le système sur lequel elles s'appuyaient a été ébranlé jusque dans ses fondements ; ce qui était, non-seulement licite, mais protégé, encouragé par les lois, est devenu crime ; les denrées, produit de leur sol, avaient une valeur élevée, elle sont tombées à vil prix ; le crédit venait se jeter au-devant des colons, il leur a été retiré ; la principale denrée qui, en enrichissant les colonies, faisait en même temps la fortune des places de commerce de la métropole, payait un large tribut à son trésor, et assurait l'existence à une innombrable population maritime ; cet important produit, disons-nous, a été sur le point de succomber et de céder le terrain à une production rivale, qui est loin d'avoir abandonné le champ de bataille.

Nous laisserons-nous abattre sous tant de fléaux ! Les habitants des autres colonies ne paraissent pas disposés à s'abandonner ainsi ; ils se réunissent, ils étudient les moyens de remplacer ce qu'ils perdent par d'autres productions. Les gouverneurs, l'administration supérieure de la Martinique et de la Guadeloupe secondent ce mouvement de tout leur pouvoir, et, partageant les vues des habitants éclairés, tous réunissent leurs efforts pour combattre la routine et favoriser toute innovation qui offre la moindre chance de succès.

Moins favorisée que ces colonies, Cayenne ne possède aucun centre de réunion, aucun moyen de développement de la pensée ; elle ne peut s'éclairer par la discussion, et, marchant ainsi au jour le jour, en dehors du progrès, qui est l'âme de notre siècle, elle semble se résigner à subir le sort qui la menace.

Cependant, de nouvelles lois ont créé une classe de citoyens qui, nés dans le pays, supportent mieux que les individus transplantés les inconvénients du climat ; mais ils fuyent trop généralement le travail de la terre, qu'un funeste préjugé leur fait supposer déshonorant ; ils s'agglomèrent en conséquence dans le chef-lieu pour y exercer des états mécaniques qu'ils jugent moins avilissants ; mais l'encombrement et la concurrence, qui commencent déjà, ne tarderont pas à les laisser dans l'oisiveté et la misère, qui en est la suite.

Une sage prévoyance doit lutter contre un si triste préjugé, et si elle craignait de ne rien obtenir des adultes, au moins devrait-elle diriger tous ses efforts vers les enfants.

L'administration a beaucoup fait pour faciliter l'éducation morale et religieuse des enfants des deux sexes ; mais elle doit aussi aux colons de Cayenne la justice d'avouer qu'ils l'ont secondée en tout ce qui dépendait d'eux. Leurs mandataires au conseil colonial ont toujours appuyé, provoqué même les mesures qui se rapportaient à ce soin important , et le clergé de Cayenne, si aimé, si considéré de toutes les classes de la population, n'a cessé d'apporter le plus grand zèle à accomplir cette importante partie de sa mission civilisatrice.

Mais tous nous devons nous pénétrer de l'idée qu'après la morale religieuse, l'éducation purement littéraire serait un présent funeste à faire à ces enfants. S'il se rencontre parmi eux des capacités, elles sauront bien se faire jour ; mais la masse , puissent les administrateurs, les instituteurs et les missionnaires, en être bien convaincus, la masse doit être dirigée principalement vers les travaux agricoles ; là, et là seulement, la foule peut s'étendre sans que les individus se nuisent les uns aux autres. Nulle part on ne voit la population des champs fournir des éléments de désordre, et le sol fertile de la Guiane procurera aux familles de cultivateurs cette aisance qui entraîne toujours le besoin de s'étendre pour la faire partager à ses enfants.

Le domaine possède de vastes terrains autour de la ville, et il ne serait pas difficile d'y établir une ferme-modèle cultivée par les enfants. Nous préférerions que, dès le principe, il en fût établi deux pour exciter l'émulation. Les terrains dont nous parlons sont mauvais, nous le savons, mais il n'est si mauvais terrain qui ne s'améliore par la culture suivie, par les engrais, qui abondent à la Guiane. On ne demanderait assurément point à ces enfants les grandes cultures coloniales ; mais celle des plantes usuelles dont le débit est facile et dont le produit, qui leur appartiendrait, leur ferait sentir, dès leur bas âge, tout ce que les travaux agricoles présentent d'avantages. Visités, encouragés par les autorités supérieures, qui donneraient des prix au travail intelligent et suivi, moralisés par nos respectables missionnaires, nous ne doutons pas que le funeste préjugé contre le travail ne fût bientôt déraciné.

C'est au milieu de cet état de choses peu rassurant dans le présent que nous voulons sonder notre situation, et examiner s'il n'existe pour nous aucun moyen d'amélioration ou de progrès

A cet effet, nous allons, d'après les statistiques officielles, passer en revue les diverses cultures de la colonie, et indiquer ce qui pourrait venir en aide à celles qui sont en décadence ou n'offrent aucune chance d'avenir.

Le Sucre.

Cette denrée, qui a été la base fondamentale de la richesse des colonies, n'a été obtenue qu'en très petite quantité à Cayenne , aussi longtemps que la canne a été plantée seulement dans les terres hautes du pays. Les sucreries n'ont pris une importance relative aux bras qui leur ont été consacrés, que lorsqu'elles ont été établies sur les terres d'alluvion desséchées à grands frais, et que la vapeur a été substituée aux moteurs imparfaits employés précédemment.

La statistique officielle nous fait connaître qu'il existait à la Guiane, en 1840, trente sucreries, exploitées par 4,280 noirs.

Rien ne fait présumer que de nouvelles sucreries puissent s'établir. La suppression de la traite ne permet plus de recruter nos ateliers de nègres de pelle chargés des travaux indispensables de l'entretien des dessèchements ; et les naissances, quand elles excéderaient partout les décès, — et il s'en fait de beaucoup qu'il en soit ainsi, — ne compensent point les vides que laissent parmi cette classe de nègres, l'âge, les infirmités et la mort. Il serait donc difficile de fonder de nouveanx établissements de ce genre, si l'on considère surtout les dépenses considérables qu'ils exigent avant de donner des produits, et le peu d'espoir d'obtenir du commerce les avances qu'ils nécessitent.

Le *statu quo*, amélioré là où il y aura l'intelligence individuelle , est donc toute la perspective de l'industrie sucrière à Cayenne.

Le Café.

Le café a pris rang immédiatement après le sucre dans l'importance des denrées coloniales, mais jamais, à Cayenne, le cafier n'a produit en proportion de ce qu'il rapporte dans toutes les autres colonies. Planté d'abord en terre haute, la qualité de de sa fève lui avait acquis une réputation méritée ; cultivé plus tard sur les riches terres alluvionnaires d'Aprouague et du canal Torcy, il a si peu répondu aux espérances des planteurs, qu'ils lui ont substitué la canne à sucre, dès qu'ils ont été en mesure de faire ce changement.

La statistique officielle compte cent caféteries occupant 205 hectares et exploitées par 264 nègres. Leur produit aurait été, en 1838, de 14,284 kil., et, en 1839, de 8,890.

On peut donc considérer la culture du cafier comme perdue pour la colonie, et si les petits propriétaires ne se hâtent pas d'en planter, assurés qu'ils seraient de vendre leur café à un bon prix pour la consommation locale, cette consommation sera obligée de se pourvoir au dehors.

Le Coton.

L'état des plantations des cotonniers fait connaître qu'il en existe 109 à Cayenne, qu'elles occupent 2,203 hectares, exploités par 3,053 nègres.

Le coton a fait la fortune de ceux qui l'ont cultivé autrefois ; son haut prix, la promptitude de son rapport, l'avaient fait adopter sur presque toutes les alluvions de la mer et des rivières ; mais on ne tarda pas à reconnaître que, sur ces dernières, le rapport allait promptement en décroissant, et quand les prix vinrent à baisser, il fallut bien se résoudre à abandonner une culture qui ne payait plus ses frais. Les terrains sous le vent paraissent seuls lui être favorables. C'est donc une culture bornée à une localité et qui ne permet pas de supposer un accroissement dans l'avenir.

Les Epices.

La tradition ne s'est point perdue de l'enthousiasme que fit naître l'introduction des arbres à épices à Bourbon et à Cayenne. Il n'entre point dans notre plan de faire l'historique de ce grand événement agricole et commercial, nous nous bornerons à parler de l'état actuel de ces cultures, pour examiner si la colonie peut fonder sur elles des espérances d'avenir. Nous allons, en conséquence, parler brièvement de ce qui concerne chacune d'elles.

Les Girofliers.

La statistique officielle de 1838 porte le nombre des girofleries à 42 : elles occupent 807 hectares, et sont exploitées par 1,296 nègres.

Les exportations du girofle, pendant les huit dernières années, de 1832 à 1839, ont été ensemble de 878,118 kilos, et leur produit de 1,554,072 fr., ce qui donne une moyenne annuelle de 109,764 kilos de girofle, de 194,259 fr., et porte la valeur moyenne du kilo à 1 fr. 77 c.

En supposant que chacun des 807 hectares contienne 150 arbres, ce qui est le taux moyen, on en aurait 121,050, qui donneraient moyennement par an 0 k. 90 et 1 fr. 56, au taux de 1 fr. 77 le kilo.

Le haut prix qu'avait autrefois cette épice a pu faire attendre pendant de longues années le moment d'entrer en revenu, et, tant qu'a duré cette haute valeur de la denrée, on a pu construire les manufactures que sa manipulation exigeait, et accroître ses capitaux ; mais il n'est nullement à présumer que de grandes plantations de girofliers s'entreprennent aujourd'hui ; on sait que la denrée n'a aucune chance pour remonter au prix qu'elle avait à l'époque où elle était sous le monopole des Hollandais, on sait combien de temps il faut l'attendre, la difficulté des récoltes ; ainsi nous ne risquons pas de trop nous avancer en disant que cette culture restera stationnaire si elle n'est pas déjà rétrograde.

Les Muscadiers.

Cette épice, la plus précieuse de toutes, a peu réussi à Cayenne. Il faut dire, à la vérité, que sa culture n'a jamais été faite avec soin. Une des causes de la lenteur de sa propagation et du découragement qui s'en est suivi est sans doute le grand nombre de sujets mâles donnés par les semis, et qui ne peuvent être distingués des femelles, que lorsque les uns et les autres sont adultes, c'est-à-dire au bout de huit ou dix ans.

M. Martin, botaniste du gouvernement, avait voulu obvier à cet inconvénient par la voie des marcottes ; mais ce moyen est ent, difficile et peu sûr. Il est fâcheux que cet habile botaniste, qui avait essayé sans succès diverses espèces de greffes, ne se soit pas avisé d'employer celle par approche, qui réussit ici sur tous les végétaux indigènes et exotiques. On pourrait, par ce moyen, multiplier à volonté les individus femelles, se bornant à avoir seulement quelques mâles pour la fécondation. On semerait pour cela les noix dans des croucroux; il ne faudrait qu'un an pour que la tige pût être greffée par approche, et, une fois que l'on aurait chez soi les souches de reproduction, on pourrait les multiplier à volonté.

C'est ainsi que nous sommes parvenu à multiplier les manguiers exotiques ou du pays, dont les fruits étaient estimés. Nous avons enseigné à deux nègres la manière de greffer, et, sans nous donner d'autre peine que celle de choisir les sujets que nous voulions propager, nous avons obtenu, soit pour nous, soit pour nos amis, plus de huit cents manguiers de choix.

L'on sait qu'un des avantages des arbres greffés est de donner leurs fruits beaucoup plus tôt, et de plus belle qualité. Le savant M. Thouin est parvenu, en faisant greffer sur greffes, à obtenir, au bout de peu d'années, du fruit d'arbres qui, dans leur croissance libre, n'en donnent qu'après trente ans et plus.

Une tentative digne d'un botaniste qui voudrait, comme M. Martin, laisser un beau souvenir à la colonie, ce serait de greffer le muscadier venu des Moluques, sur le muscadier sauvage qui croît spontanément dans nos bois. La théorie horticole fait prévoir le succès, et l'on aurait alors des individus rustiques et franchement acclimatés.

Le prix de la muscade n'est plus ce qu'il était autrefois, mais elle est encore cotée 13 fr. 50 le kilo, et certes c'est un prix bien suffisant pour une denrée accessoire qui exige fort peu de frais de culture.

Dans l'état actuel de cette culture, il n'a été exporté en 1839 que 11 kilos de muscades, et si le directeur des pépinières royales ne se ravise, dans peu d'années le muscadier, ravi aux Hollandais à grands frais, et en courant de grands risques, sera perdu pour la colonie.

Le Cannellier.

Le cannellier a été si bien adopté par le climat de la Guiane, qu'il croît à présent dans les friches (guiamens) où les oiseaux laissent tomber ses baies. Il se propage de semences, de boutures, de racines ; il croît et prospère dans les plus mauvais terrains, même sur ceux où ne viennent que les aouaras du pays, et il est à présumer que son écorce sera d'autant plus aromatique, que le terrain qui la praduira sera plus sec et plus aride.

La baisse du prix de cette épice a pu contribuer à l'abandon de sa culture ; mais cependant, comme cette baisse n'est survenue que longtemps après son introduction dans le pays, il faut l'attribuer à une autre cause.

Nous pensons qu'elle se trouve dans la manière peu judicieuse dont l'arbre a été conduit.

En effet, on l'a abandonné à sa croissauce naturelle, et il est résulté de ce mode vicieux, que les rameaux coupés avaient une vieille écorce peu aromatique et remplie de nœuds qui la déparaient et rendaient difficile son extraction.

Ce n'est point ainsi qu'on opère à Ceylan ; le cannellier y est conduit en têtard, comme les saules et osiers de l'Europe. Il pousse de longs jets que l'on ne laisse jamais ramifier ; on les coupe au moment de la sève, et rien n'est plus facile alors que de les écorcher.

Rien ne doit être perdu dans la culture du cannellier : l'épiderme, les rognures, les écorces et branches vicieuses, ainsi que les feuilles, donnent par la distillatiou l'huile essentielle de cannelle, d'une valeur si élevée, que la compagnie anglaise des Indes s'en est réservé le monopole.

Toutefois, cette distillation, qui se fait au moyen du sel, ne pourrait être profitable que dans des opérations en grand ; mais si la culture du cannellier était répandue, nul doute que des industriels établiraient des appareils de distillation, qui seraient alimentés par les cultivateurs. Il resterait alors à obtenir du gou-

vernement métropolitain la diminution du droit exorbitant de
10,000 fr. par hectolitre que paie aujourd'hui l'huile essentielle
de cannelle.

M. Dubail, homme éclairé, membre du collége de pharmacie,
et qui est à la tête d'une des plus puissantes maisons de drogue-
ries de la capitale, nous a témoigné plusieurs fois son étonne-
ment de ne plus voir dans le commerce la cannelle de Cayenne
qu'il a connue et bien appréciée ; il nous a assuré qu'elle s'éta-
blirait sans difficulté après celle de Ceylan, et qu'elle lui serait
même substituée à cause de la différence des droits, celle de
Chine n'étant employée qu'aux usages les plus grossiers.

La cannelle de Ceylan était cotée, en dernier lieu, la noire, à
20 fr., la rouge, à 26 fr. le kil. à l'acquitté.

L'on voit donc qu'il y aurait de l'avantage à reprendre cette
culture très facile. Dans l'état actuel des choses, l'exportation de
1839 ne s'est montée qu'à 283 kilog.

Le Poivrier.

La culture du poivrier eût pu devenir d'une grande importance pour la colonie, par la facilité de la récolte et de la manipulation de son fruit, si le climat avait voulu l'adopter. De grands
encouragements ont été donnés à cette culture ; de nombreux
efforts ont été tentés pour la propager. On a longtemps attribué
son peu de succès à la nature du tuteur qui lui était donné ; tous
ont été essayés, ceux qui lui convenaient dans son pays origi-
naire comme ceux choisis dans la colonie ; des arbres vivants
comme des perches de bois sec. Partout il a donné d'abord de
fallacieuses espérances suivies de tristes résultats. En terres
hautes, quoi qu'on en ait dit, il n'a jamais produit d'une manière
satisfaisante, et les expériences faites en grand en terres basses,
et qui n'ont manqué ni du temps, ni des capitaux nécessaires, ni
de la persévérance des cultivateurs, ont semblé d'abord ne rien
laisser à désirer : mais une marche assez lentement ascendante
dans la production a été bientôt suivie d'une marche plus rapidement rétrograde, et qui ne s'est point arrêtée.

Une longue et ruineuse expérience ne nous donne que trop le droit d'affirmer que le poivrier n'est point acclimaté à la Guiane, et qu'il ne peut y être cultivé que comme un assez peu important accessoire.

Le Rocou.

Le rocou, indigène à la Guiane, réussit à peu près partout : son produit est naturellement proportionné à la meilleure ou moindre qualité du sol où il est planté, et au plus ou moins de soins donnés à sa culture.

Avant l'introduction des arbres à épices et l'établissement des sucreries en terres basses , c'est au rocou et au coton que l'on l'on doit la plupart des capitaux fonciers.

Quelqu'imparfaits qu'aient été jusqu'à ces derniers temps les moyens de manipulation de cette denrée, les produits du rocou sont si abondants, et le prix quelquefois si élevé, qu'il est facile de concevoir les fortunes qu'il a procurées.

Malheureusement sa consommation est bornée, et lorsqu'il arrive en trop grandes masses sur les marchés, il en résulte une altération de prix telle que le producteur ne peut plus se couvrir de ses frais.

C'est sans doute cette fluctuation de prix, en apparence si irrégulière, quoi qu'elle ne le soit pas pour l'observateur, qui a fait proscrire la culture du rocou par plusieurs personnes, parmi lesquelles nous trouvons avec regret M. Guisan. Voici comment cet habile agriculteur parle du rocou , après avoir donné les plus sages préceptes pour les autres cultures :

« Quant à la culture du rocou, on se dispense d'en parler,
« parce qu'on la croit inutile à la prospérité de la colonie, qui
« est le seul but qu'on se propose. Cette denrée est tout à fait
« discréditée en Europe, et, ce qui pis est, elle le deviendra de
« plus en plus. Les manufactures qui l'employaient sont parve-
« nues à s'en passer, et elles ne l'emploieront plus dorénavant
« qu'autant qu'il sera au plus vil prix. On doit désirer qu'on

« veuille ouvrir les yeux sur cet objet, et qu'on abandonne to-
« talement cette culture dans la colonie. »

Pendant la période de soixante-quatre ans qui s'est écoulée
depuis que cette prédiction a été faite, elle ne s'est point réali-
sée ; le rocou a continué de faire la fortune de ceux qui ont per-
sisté à le cultiver. Depuis lors cependant la chimie appliquée
aux arts a fait des progrès inouis ; elle les a poussés jusqu'à
bouleverser le commerce général, en substituant au sucre colonial, qui était la partie la plus importante des chargemens mari-
times, le sucre tiré d'une plante qui croît dans la zône tempérée.
Si, comme le disait M. Guisan en 1778, elle avait trouvé une
matière qui remplaçât le rocou, nul doute que celui-ci n'eût
été abandonné, car ce n'est pas cette denrée qui eût lutté comme
le sucre contre un ennemi puissant ; aussi avons-nous vu depuis
1778 le rocou soumis à la même fluctuation périodique de prix.

Quoi qu'il en soit, voici la statistique de la production du rocou pendant les quinze dernières années, d'après des documents
officiels :

EXPORTATION DU ROCOU.

Années.	Quantités kil.	Valeur en douane.	Par kil.
1825	378,513	1,249,093 fr.	3 f. 50 c.
26	474,598	937,297	1 97
27	577,426	661,325	1 14
28	489,785	310,190	0 65
29	478,994	254,497	0 53
30	316,599	148,699	0 46
31	161,968	80,981	0 50
32	206,789	107,156	0 52
33	102,915	157,337	1 52
34	140,477	276,868	1 97
35	281,026	897,565	2 87
36	313,002	869'913	2 78
37	332,420	766,912	2 39
38	481,360	1,121,536	2 33
39	590,986	1,360,079	2 28
Tot. p. les 15 ann. 5,326,358		9,139,448 fr.	25 f. 21 c.

Ce qui donne par année une moyenne de :

	355,090 k.	609,290 fr.	1 f. 68 c. p. k.

Ainsi les habitants qui ont conservé la culture du rocou pendant cette période de quinze ans ont vendu leur denrée, une année dans l'autre, 1 fr. 68 c. le kilog.; et nous sommes porté à croire que les évaluations des douanes sont au-dessous des prix réels de la place.

A ce prix, l'habitant qui a ses usines montées et qui est au courant de ses affaires, possède une culture avantageuse ; mais pour la masse des planteurs, les fluctuations des prix sont à distances trop éloignées pour qu'il n'éprouve pas de fortes secousses par suite de la baisse.

En effet, on peut remarquer, sur l'état que nous présentons, que, pendant cinq ans, de 1828 à 1832 inclus, la moyenne du prix n'a été que de 0 fr. 53 c. le kil.; mais les dépenses d'entretien n'en ont pas moins été les mêmes ; elles se sont même plutôt augmentées, parce que le crédit s'est retiré de l'habitant, dont les affaires sont devenues par là plus onéreuses. Beaucoup se sont découragés, et ont abandonné le rocou, comme on en voit la preuve dans l'énorme diminution du produit de 1829 à 1833, pour le reprendre ensuite dès que la hausse se fait sentir ; mais ils ont perdu ainsi le profit de ces premières années de hausse, et trop souvent ils n'ont pas le temps de combler le déficit amené par le défaut de produit des années précédentes, avant qu'une nouvelle baisse vienne recommencer leurs embarras.

Et cependant la culture du rocou est la plus répandue dans la colonie ; elle y est populaire, car elle est à la portée du plus petit propriétaire, et l'on s'aperçoit dans ses périodes de hausse de la facilité qu'elle amène dans toutes les transactions.

A part le sucre et le coton, c'est la culture générale du pays, car quelque importante que soit une habitation à girofle, on y trouve aussi le rocou ; et, d'un autre côté, tel individu qui n'a qu'un seul nègre, et il en est plus d'un qui n'en a pas même du tout, apporte son petit contingent de rocou. Nous connaissons un de nos administrés qui, travaillant avec sa femme et un très-jeune enfant, a livré, de 1838 à 1839, 925 k. de rocou qui, au prix de 2 fr. 80, lui a procuré un revenu de 2,590 fr. Aussi, comme nous venons de le dire, les périodes de hausse de cette denrée apportent-elles une aisance réelle dans la colonie ; mais en revanche sa dépréciation est une véritable calamité. On se livre alors à toutes sortes d'industries éphémères pour attendre un retour favorable ; on va même jusqu'à cultiver en grand le manioc, créant ainsi une fâcheuse concurrence aux esclaves, qui devraient seuls être en possession de cette culture, car enfin, puisqu'ils doivent se nourrir et en grande partie s'entretenir avec le produit de leurs abattis, comment peuvent-ils supporter la concurrence du maître, qui peut employer les six jours de la semaine à cette culture, eux qui n'ont à leur disposition qu'un jour sur quinze ?

Les anciens habitants avaient si bien senti le dommage qu'ils éprouvaient aux époques périodiques de la baisse du rocou, qu'ils voulurent lui adjoindre une culture capable de les soutenir dans ces momens de crise ; c'est ce qui explique le vif empressement qu'ils mirent à accueillir les arbres à épices.

Ce fut généralement sur les habitations à rocou, en terres hautes, que se répandirent les premiers plants de ces arbres. Une fois possesseurs de leurs souches de reproduction, ils apportèrent tous leurs soins à en étendre les plantations. ils échouèrent à diverses reprises pour le poivrier, ne tirèrent point un bon parti du muscadier et du cannellier, par suite des causes que nous avons indiquées ; mais leur succès fut complet pour le giroflier : aussi trouverait-on difficilement dans tous ces quartiers une habitation qui n'en ait un nombre proportionné à ses moyens. Bien plus, sur beaucoup de ces habitations, ce qui n'avait été d'abord considéré que comme l'accessoire devint le principal, et c'est ainsi que l'on arriva à l'époque brillante du giroflier.

On ne pouvait opérer avec plus de sagesse, et cependant le temps, qui amène les changements à sa suite, a prouvé que, si les habitants avaient bien opéré pour eux, leurs travaux intelligents se trouvaient presque perdus pour leurs enfants. Le girofle a baissé de prix, non par une circonstance fortuite, mais bien par une de ces causes qui attaquent dans sa base telle branche des produits commerciaux ; et cette culture, jadis si lucrative, devient aujourd'hui onéreuse , à tel point que nous avons entendu plus d'un habitant éclairé se demander s'il devait continuer à remplacer les arbres que leur mort naturelle faisait disparaître. Que faire donc pendant les cinq ou six années périodiques de la baisse du rocou ? Lorsqu'elle survint, en 1826, les principaux producteurs de cette denrée établirent des sucreries ; mais le peut-on aujourd'hui, qu'il ne reste plus que les propriétaires des moyens et petits ateliers ?

Nous avons dit que la Guiane française était le seul pays qui fournît du rocou au commerce général : comprendra-t-on , d'après cela, que les colons et les négociants de nos ports aient ignoré jusqu'à ce jour le lieu où se consomme cette teinture ? On sait cependant que les manufactures d'Europe n'en consomment que de très minimes quantités; et ce n'est que depuis peu de temps que l'on commence à savoir, mais non encore d'une manière positive, qu'elle aboutit dans l'Asie Centrale où elle est transportée, d'un côté par les caravannes de la Russie, et de l'autre par celles de la Turquie. En effet, nos ports de l'Océan expédient les masses de rocou sur Riga , et Marseille sur Smyrne , Beyrouth et Constantinople.

Il serait, ce nous semble, très-utile de connaître le vrai lieu de consommation de cette denrée, et M. le délégué de la Guiane pourrait y parvenir. Le zèle qu'il a toujours déployé dans l'intérêt de la colonie qu'il représente, nous est un sûr garant qu'il suffit, à cet égard, de lui en suggérer l'idée.

On pourrait donc savoir, par l'administration générale des douanes, dans quel port étranger, des navires, partis de Bordeaux ou de Marseille, ont porté une forte partie de rocou, soit pour le Nord, soit pour le Levant ; demander à nos consuls dans les ports d'arrivée de ces navires, sur quel point cette denrée a été dirigée, et, de consulat en consulat, savoir quel est enfin le lieu définitif de l'arrivée.

Il ne faudrait point se laisser induire en erreur par les achats de rocou que font les Anglais dans nos ports, où ils en enlèvent de fortes parties. On sait très positivement aujourd'hui que ce ne sont point leurs manufactures qui le consomment ; mais qu'ils font en ceci l'office de colporteurs, et qu'ils vendent la denrée aux mêmes ports où nos armateurs commencent à l'expédier eux-mêmes.

Nous sommes obligé d'entrer à présent dans quelques détails pour mieux faire comprendre ce que nous avons à dire encore sur le rocou.

Le rocouyer, *bixa orellana*, croît spontanément dans les forêts de la Guiane, d'où on l'a transporté dans les champs pour l'y cultiver. Il produit en très-grande quantité des semences agglomérées dans des capsules qui s'ouvrent au moment de la maturité. Ces semences contiennent, comme la plupart des légumineuses, la substance qui doit nourrir l'embryon, renfermée dans une enveloppe fibreuse assez dure, laquelle est enveloppée elle-même d'une pâte fortement adhérente, de nature résineuse et d'un rouge éclatant. C'est cette matière qu'il faut obtenir. Les Indiens de la Guiane extraient la matière colorante par des lavages réitérés, et ils s'en servent pour teindre leurs ouvrages de coton et autres, mais principalement pour s'oindre le corps. Nous nous sommes assuré, par de nombreux essais, que la partie colorante une fois extraite par des lavages, il ne reste sur la graine aucune parcelle de couleur, tandis que l'eau, qui a enlevé celle-ci, est devenue du rouge le plus vif. Il semble donc que pour une si simple opération on obtiendrait facilement un très-beau produit ; mais telle n'est point la méthode suivie dans le pays. Voici, en abrégé, celle qui est en usage.

Les graines sorties de la capsule, et mesurées, sont jetées immédiatement dans une auge faite d'un tronc d'arbre creusé, où elles sont pilées pendant un certain temps à grand renfort de bras, puis vidées dans un bac qui contient de l'eau claire où on la laisse tremper quelques jours, en ayant soin de l'y remuer plusieurs fois par jour. Alors on met par portions la matière sur des tamis à larges trous, et on la presse à la main, poignée par poignée, laissant tomber l'eau déjà colorée dans le bac. La matière ainsi pressée, autant qu'on l'a pu, avec les mains, est mise à sec en tas, dans un autre bac où on la laisse fermenter plus ou moins, puis elle est remise dans l'auge creuse pour y subir un nouveau pilage ; revidée dans l'eau précédente, pressée encore, pilée, et cela se répète de huit à dix fois. Aujourd'hui, dans les plantations importantes, des moulins à laminoir, mus par des mules, remplacent le travail écrasant du pilage.

L'eau du bac s'étant successivement épaissie, on la passe dans des tamis très fins et on la recueille dans une citerne où la matière se dépose au fond, mais fort lentement. On retire l'eau surnageante qui n'est jamais très claire, et qui sert à tremper d'autres graines ; on met la matière dans de grandes chaudières sous lesquelles on fait un feu très-vif ; l'eau surabondante s'évapore, et le rocou, cuit à consistance d'extrait, est vidé dans un rafraichissoir, d'où il sort pour être livré au commerce.

Examinons les résultats de cette manipulation, que nous jugeons très-irrationnelle.

Nous avons dit que la teinture une fois enlevée par des lavages, la graine n'en conservait plus un atôme ; celle-ci n'est donc pas plus utile au produit à obtenir que ne le serait tout autre pepin, celui des poires ou des pommes, par exemple. Le seul avantage réel tiré de ce procédé, et nous sommes loin de le regarder comme un avantage, est donc d'augmenter la masse des produits, et il nous serait facile de démontrer que ce n'est qu'aux dépens de la qualité. Ce motif, personne ne l'avoue ; nous dirons mieux, personne n'y songe. On opère comme on a vu opérer ; et cependant les planteurs éclairés voient bien là un vice de procédé ; mais un préjugé s'est établi : on croit généralement que le rocou n'est point employé comme couleur, mais comme mordant préparatoire à une autre couleur. L'erreur sur ce point est complète : le rocou n'est point un mordant, et n'est nulle part employé comme tel ; il suffit, pour s'en assurer sur les lieux, de voir avec quelle facilité on l'enlève de dessus les mains avec l'eau. Il n'en est certes point ainsi quand on a touché des

noix d'acajou, des noyaux d'avocats, etc. Ainsi, par le procédé
en usage, la belle partie colorante du rocou a été mêlée avec la
partie fibreuse de la graine, avec l'amande dont la partie mucilagineuse se pourrit si facilement et donne au tout une odeur in-
fecte ; elle s'est altérée par une longue manipulation , par son
séjour trop prolongé dans les bacs, par les fermentations réité-
rées, son contact continuel avec l'air et sa longue cuisson. Aussi
une matière qui devrait conserver une belle couleur vive, surtout par sa nature résineuse, n'offre-t-elle plus qu'une masse
terne, d'un œil faux , et qui , en définitive, n'est plus qu'une
mauvaise couleur.

M. Chevreul vient d'établir dans un rapport, qu'avec une partie de rocou pur, il avait couvert sur une étoffe ce qui avait demandé cinq fois autant en quantité du rocou tel que le fournit le
commerce, et que la couleur produite par celui-ci était de beaucoup inférieure à celle obtenue du premier.

Ceci doit faire réfléchir les planteurs de rocou , car nous ne
voyons rien de rationnel à opposer à ce que nous venons d'a-
vancer. Il ne s'agit de rien moins que d'abandonner une manipulation longue, fatigante, coûteuse, pour lui en substituer une
simple et facile, qui permettrait de donner de l'extention ou de
plus grands soins aux cultures , de remplacer un produit médiocre, d'assez grand encombrement, par un autre de qualité infiniment supérieure, d'un transport plus facile et de nature in-
corruptible. Tout cela nous semble désirable ; mais la question
change de face sous le rapport du revenu, résultat légitime de
tout travail ; elle devient celle-ci :

En ne prenant que la fleur du rocou, aura-t-on le cinquième en
poids de ce que l'on obtient aujourd'hui?

Nous sommes porté à le croire ; l'amande, en effet, doit entrer
pour peu de chose dans le poids final du produit, car sa partie
mucilagineuse doit se mêler avec l'eau pendant les nombreuses
opérations de la manipulation, et s'évaporer en grande partie
avec elle. Reste donc la partie de la fibre qui , par les pilages
multipliés , se réduit en poudre, et passe à travers les tamis

fins ; et nous ne supposons pas que cela équivale aux quatre
parties du tout. Des expériences, très faciles à faire sur les lieux,
fixeront sur ce point important.

Mais l'expérience prouvât-elle qu'on extrairait le cinquième
en belle matière, une objection bien puissante se présente encore
contre un changement spontané dans le mode de fabrication.
Les usages commerciaux ne changent point, eux, spontanément ;
le négociant, habitué à payer 1 ou 5, d'après les cours, ne paiera
pas le lendemain 5 ou 25, que le producteur devra obtenir pour
avoir le même revenu. Il reconnaîtra une denrée plus belle, et
il consentira peut-être à la payer 5, 10 pour cent de plus. Peut-
être encore dira-t-il : « Je ne connais pas cette denrée que vous
appelez rocou ; ce n'est point là le rocou du commerce, et je ne
m'exposerai pas au risque de l'acheter.

Aussi bien, en agriculture surtout, ne réussit-on pas par des
innovations spontanées ; mais il y a à Cayenne des planteurs
éclairés et assez riches pour ne pas reculer devant des essais sa-
gement tentés, non sur une récolte entière, mais sur des portions
assez étendues pour ne pas être traitées d'opérations de labora-
toire. Ils calculeront ce que donneront proportionnellement les
deux procédés, et en adressant leur nouveau produit à leurs armateurs, ils leurs recommanderont d'en spécifier la nature à
leurs acheteurs. Ce qui est bon en soi-même finit toujours par
être reconnu tel et adopté.

Les Ménageries.

Quelques efforts qu'ait faits en tout temps et depuis plus d'un
siècle l'administration de la colonie pour encourager cette précieuse branche d'industrie, on ne l'a jamais vue dépasser un
nombre de bêtes à cornes qui semble constamment se balancer
entre huit et dix mille têtes ; tandis qu'il n'y a dans la colonie de
bêtes chevalines que celles qui y sont apportées du dehors pour
les usages domestiques, en nombre infiniment borné.

Nous ne nous hasarderons point à rechercher les causes d'une

telle médiocrité de production, tout en voyant nos voisins de la
Guiane espagnole et de la Guiane brésilienne compter par millions leurs chevaux, mulets et bêtes à cornes. Il faut bien qu'il y
ait contre la propagation de notre bétail un obstacle climatérique,
car, après tout, les Portugais et les Espagnols n'ont pas fait dans
l'origine de leurs établissemens autre chose que ce que nous
avons constamment fait nous-mêmes. On dit qu'ils ont des
hommes plus habiles que les nôtres pour soigner le bétail ; cela
est vrai ; mais ces hommes, les avaient-ils dans l'origine ? Non ;
ils se sont formés de génération en génération, à mesure que le
bétail se multipliait. Nous dirons plus : les chevaux qui, des
provinces du nord du Nouveau-Mexique, se sont répandus dans
les immenses savannes traversées par les montagnes rocheuses, à
l'ouest des Etats-Unis, s'y sont multipliés par millions sans soin
et à l'état sauvage.

Les Indiens habitants de ces savannes, qui n'avaient jamais vu
de chevaux avant que les Européens se fussent établis en Amérique, sont devenus cependant les premiers cavaliers du monde,
montant à cru les chevaux les plus fougueux, et les conduisant
à travers les monts et les précipices.

Pourquoi donc n'avons-nous dans nos savannes, ni ces in-
nombrables troupeaux de bétail, de mulets, de chevaux, ni
ces intrépides *peons llaneros*, Indiens corneilles, *pieds noirs*, etc..
qui ne semblent faire qu'un avec les animaux des savannes.

Cependant, nombre de planteurs ont, de tout temps, joint un
troupeau de gros bétail à leur exploitation agricole ; mais presque tous, et nous sommes du nombre, ont été obligés d'y re-
noncer. Nous avons étudié les causes de ces mécomptes, et
voici ce que nous avons remarqué.

Nous observerons d'abord que nous ne parlons ici que des
petites ménageries soit spéciales, soit jointes à une exploitation agricole, et non des grandes ménageries qui existent dans
les quartiers qui leur sont affectés, et dont nous venons de parler au commencement de cet article.

D'abord, et il est pénible d'en faire l'aveu, on ne tient pas compte de la proportion qui doit exister entre la force du troupeau et le pâturage qui lui est destiné. Dans le principe, le fourrage abonde et le troupeau s'accroît, mais au lieu de fixer le nombre de têtes qui l'on peut nourrir, on se félicite de cet accroissement qui semble ne devoir pas avoir de terme ; mais le pâturage étant toujours de la même étendue, le bétail dépérit, le propriétaire s'allarme, et il se hâte de se défaire de son troupeau dans la crainte de le perdre en entier.

Pendant l'été, les herbes deviennent sèches, et l'on ne s'est point précautionné, où du moins en quantité suffisante, de plantes fourragères vivaces dont le pays abonde, et l'on conçoit que la disette s'est accrue.

Les abreuvoirs sont mal tenus ; leurs abords fangeux, occasionnent la perte de jeunes animaux. Point de soins vétérinaires ; le part cause souvent la perte de vaches ou de leur fruit ; point de moyens de saigner, de purger à propos, et s'il faut s'étonner de quelque chose, c'est qu'il existe encore de ces ménageries. Mais aussi, combien en a-t-on formé qu'il a fallu abandonner ! On trouverait là cependant un excellent moyen de procurer un travail facile et fort lucratif à de petits propriétaires ; car il existe dans l'île même de Cayenne d'immenses savannes qu'un travail bien simple changerait en bons pâturages,

On n'a pas manqué, à diverses reprises, de mettre du bétail dans ces savannes ; leur étendue, leur belle verdure pendant la saison des pluies, ont offert un leurre que l'on a saisi, mais dont le peu de valeur n'a pas tardé à se montrer. Il sera facile d'en expliquer les causes.

Ces terrains, qui affectent un niveau presque parfait, sont composés de terre argileuse imperméable. Les eaux pluviales n'étant point absorbées, elles ne peuvent s'écouler que par des plis du terrain qui les conduisent dans des fonds, origines d'une crique ; mais il reste toujours une petite nappe d'eau au milieu de laquelle, et à des distances très rapprochées, croissent des plantes dures, d'une nature aigre, dont les débris successifs forment une touffe qui s'élève au-dessus de ces eaux sans écoulement. De là l'aspect de belle verdure que présentent ces savanes ; mais il s'en faut que de telles herbes soient un bon pâturage ; le bétail mange, il est vrai, leurs jeunes pousses, mais ce n'en est pas moins une pauvre nourriture.

Or, rien ne serait plus facile que d'assainir ces terrains, il ne faudrait pour cela que fouiller un fossé d'un mètre de largeur, suivant les principaux plis du terrain qui conduisent les eaux dans dans le fond le plus voisin. L'on sait combien nos nègres font ce travail avec facilité ; la tâche d'un tel fossé, à deux pelles de profondeur, est de 66 mètres de longueur. Dans ces fossés aboutiraient de petites saignées qui couperaient le sol suivant sa faible pente, et le terrain serait suffisamment desséché.

En fouillant les fossés et les rigoles, on aurait soin de faire des tas de toutes les mottes d'herbes, puis on arrangerait également en tas toutes les autres mottes qui couvrent le terrain ; après avoir laissé sécher les herbes, on les couvrirait légèrement de terre et on les brûlerait à feu lent. Le produit de cette incinération serait répandu sur le sol, qui recevrait par là une couche suffisante pour recevoir de nouvelles plantes fourragères de bonne qualité. Le sol, une fois couvert par ces plantes, ne serait plus brûlé par le soleil, et les eaux n'y séjournant plus, on ne serait plus exposé à voir renaître ces plantes marécageuses, détruites jusqu'à leur dernière racine.

Tel serait le moyen, bien plus facile qu'on ne le suppose peut-être, de changer en beaux pâturages d'immenses savanes qui, jusqu'à ce jour, n'ont été bonnes à rien.

N'oublions pas de dire qu'il est reconnu aujourd'hui qu'on ne doit plus laisser vaguer le bétail dans un pâturage, où il détruit plus qu'il ne consomme ; mais qu'il faut le faire pâturer successivement, revenant au point de départ après avoir fait le tour. Cette méthode, si profitable au bétail et au pâturage, évitera en outre au pasteur, l'embarras le plus funeste, et celui qui a dégoûté bien des planteurs d'avoir des troupeaux ; ses animaux n'iront plus se perdre dans les bois, ni porter le ravage chez les voisins, avec lesquels on ne cesse d'être en discussion pour cette cause, et il conservera ses propres plantations, et les fourrages de réserve qu'il jugera à propos d'avoir.

Les savannes dont nous venons de parler sont semées d'îlots, de terre haute qui seront très favorable pour établir les cases, les hangards, et pour y planter des vivres, où tels végétaux productifs et de facile récolte que l'on jugerait à propos d'y planter. Nous avons remarqué que les pentes de ces îlots, qui vont se fondre dans les savannes, sont généralement très fertiles, et cette fertilité serait entretenue par les engrais produits par ceux des animaux qui seraient engraissés à l'étable.

En donnant ainsi le plan d'une petite ferme qui pourrait procurer l'aisance à une famille, nous devons rappeler l'inconvénient que nous avons signalé, d'élever son troupeau à un nombre plus grand que ce que l'on peut nourrir, c'est pourquoi nous proposons de nourrir et d'engraisser à l'étable, tout ce qui excèdera le nombre voulu. La nourriture pour l'engrais ne manquera pas, surtout si l'industrie de la fabrication des huiles s'établissait à la Guiane; et, sans avoir la prétention de fournir des bœufs tels que ceux qui sortent des herbages de la Normandie, il ne serait au moins pas difficile de présenter à la boucherie des animaux supérieurs aux misérables squelettes que l'on y abat de temps immémorial.

DE QUELQUES AUTRES PRODUITS EXISTANTS OU A PROPAGER DANS LA COLONIE.

L'indigo.

Des plantations d'indigo ont existé autrefois dans la colonie, et le nom de Guatimala, donné à l'une des habitations des Jésuites, prouve assez qu'ils ont dû y cultiver cettte plante.

Une tentative plus récente eut lieu à Approuague; les espérances que l'on avait furent déçues; elles ne produisirent d'autre résultat qu'une chanson épigrammatique, et l'entreprise fut immédiatement abandonnée, sans qu'aucun autre essai ait eu lieu depuis.

Il faut donc croire que quelque raison s'est opposée à l'adoption de cette culture ; car son prix a été longtemps fort élevé. Il y a peu d'années que le gouvernement accorda une prime de 12 fr. par kil. pour l'indigo qui serait récolté à Cayenne. Cet encouragement n'ayant rien produit, on a demandé qu'il fût retiré. C'est un tort, selon nous, car qui peut répondre que quelqu'un n'eut pas repris cette culture ? Et ce n'est pas toujours une chose facile que de faire rétablir des primes.

L'indigofère croît spontanément sur les sables de Macouria, à la pointe Tangui, sur les îlots de plusieurs habitations en rivière. De petits propriétaires pourraient en tirer parti, s'ils étaient dirigés et encouragés. Nous en avons vu une fort belle plantation dans les terrains ingrats de Baduel, mais elle n'a pas été manipulée.

On redoute pour cette culture les ravages de la chenille, et il est certain qu'une nuit lui suffit pour détruire un champ qui eut été récolté le lendemain. Mais comme on fait plusieurs récoltes dans l'année, il est connu qu'une seule dédommage de celles qui ont été dévorées, et celles-ci même ne sont pas entièrement perdues si l'on agit avec célérité pour sauver ce qui peut l'être.

Nous pouvons citer comme une chose assez étrange, que nous n'avons jamais vu la chenille attaquer un certain nombre de plantes d'indigo venues spontanément autour de notre demeure, et cela pendant seize années consécutives. Nous ajouterons que ces plantes, fauchées plusieurs fois dans l'année avec les herbes qui couvraient le sol, ont constamment repoussé avec vigueur, et qu'il a fallu des soins particuliers pour les extirper des lieux où elles ne devaient pas être ; et pourtant, il est hors de doute que sur des plantations spéciales la chenille ne manque pas de se montrer périodiquement.

Il nous a été assuré que toutes les grandes plantations d'indigo faites au Bengale par les Anglais, ont échoué, et que l'immense quantité de cette fécule colorante fournie au commerce par cette contrée, est le produit des petites cultures des Bengalis.

On dit que l'indigotin de Cayenne ne contient que peu de fécule, mais il est certain qu'elle est d'une qualité supérieure, et l'on en peut juger par l'indigo que fournit seul à la consommation locale un individu qui l'obtient par des procédés à lui connus, et qui, certes, ne doivent pas être plus compliqués qu'une préparation de ménage. Cet individu n'a point de plantation spéciale ; il va couper des brassées de branches là ou l'indigo croît spontanément.

Ce serait donc là une ressource pour une famille agricole. Mais il existe pour ces petits produits un préjugé qu'il serait bien important de détruire : c'est qu'on n'a jamais en vue que la consommation locale, si vite satisfaite en effet. Ainsi, dira-t-on, à propos de l'indigo, M. X. tire un honnête profit de celui qu'il vend aux blanchisseurs ; que nous en fassions de notre côté, et il n'aura plus de valeur. Qu'ils sachent donc que les négocians, même les pacotilleurs, achèteront toujours ce qui leur sera apporté, quelque minime qu'en soit la quantité. C'est leur affaire ensuite de composer les masses et d'en tirer parti.

Le Tabac.

On ne se rend point compte des motifs qui ont empêché la culture du tabac à Cayenne. Elle enrichit cependant tous les pays qui la pratiquent, et elle est partout l'occupation des petits cultivateurs.

Quoique le tabac de Varinas soit réputé le premier du monde, les habitans de cette province lui préfèrent encore celui qui est récolté sur le Haut-Orénoque, dans des terrains qui ont une grande analogie avec ceux du haut de nos rivières. Il paraît que l'extrême humidité qui règne dans ces parages, n'est point un obstacle à sa qualité, et il en est de même de celui du haut Rio-Negro, qui jouit d'une égale réputation.

On serait donc tenté de croire que les terres du haut de nos rivières seraient propres à produire du tabac de première qualité, ce que l'on aurait été porté à révoquer en doute, si cette opinion n'était pas appuyée de celle d'un homme aussi positif et aussi judicieux que M. A. de Humboldt.

Le tabac se reproduit spontanément à Cayenne de ses propres semences autour des cases, à la ville, le long des rues, dans les tas de pierres ; ce qui n'empêche pas que nous tirions de l'étranger tout celui que nous consommons, et que nous n'ayons vu nos malheureux nègres payer quelquefois jusqu'à 20 centimes une seule feuille de tabac.

Un planteur très intelligent, et doué surtout de l'esprit de persévérance, s'est appliqué à la culture du tabac ; il a envoyé des échantillons en France, et ils ont été soumis à l'examen de la régie. La feuille de la Guiane a publié le résultat de cet examen. Le tabac a été trouvé d'une saveur faible ; les feuilles ayant été trop comprimées, on ne pouvait les séparer sans les déchirer, etc.; puis enfin le prix qu'en aurait donné la régie était si minime qu'il serait impossible au producteur, non seulement d'y trouver un bénéfice, mais même de couvrir ses frais.

Il y aurait donc là de quoi décourager la poursuite de cette culture. Nous n'en persistons pas moins à penser que Cayenne doit produire du tabac de qualité supérieure, et la tradition locale nous confirme dans cette opinion ; on pèche seulement dans la manière de le préparer.

Toute personne ayant quelque notion des opérations chimiques appliquées en grand dans les manufactures, sait qu'une pratique manuelle ne peut être suppléée par la théorie la mieux acquise. Ainsi, un nègre sucrier saura le moment précis où le sucre doit être tiré de la chaudière, mieux que le théoricien le plus habile, mais qui n'aurait jamais opéré. Il en sera de même du batteur d'indigo ; il ne donnera ni un coup de batte de trop ni un de moins. Pour notre compte particulier, lorsque nous avons voulu bouillir du rocou pour la première fois, nous ne nous sommes fié ni à ce que nous avions lu et étudié, ni à ce que l'on nous avait expliqué verbalement, mais nous avons fait venir un ouvrier expert dans cette opération assez délicate, et nous l'avons fait opérer devant nous et devant ceux qui, par la suite, devaient être chargés de cet emploi.

La préparation du tabac rentre dans ces cas d'opérations pratiques. Il doit subir un degré de fermentation voulue pour développer le montant qui fait toute la valeur de cette plante. Or, si la fermentation n'est pas suffisante, le tabac n'a point de montant ; si elle est trop poussée, sa saveur est âcre, et il ne se conservera plus. C'est donc un point précis à saisir, et l'on pourra bien dire que l'opérateur doit fourrer son bras nu au milieu des feuilles mises en tas et surchargées de poids, pour juger de l'état de la fermentation : cela n'apprendra rien, et il y aura bien des chances pour perdre sa récolte.

Mais rien ne serait plus facile que de faire venir du Para un simple ouvrier expert dans la manipulation du tabac, pour la faire connaître dans la colonie ; et ne parvînt-on à fabriquer que les 80,000 kilogrammes que celle-ci consomme annuellement, ce serait un notable service à lui rendre, surtout si cette culture facile, qui ne demande point de grandes avances, tombait dans le domaine des petits cultivateurs, auxquels il est si urgent de fournir des éléments de travail.

Le Voukoa.

La culture du voukoa serait un accessoire utile sur toutes les habitations, à l'exception des cotonneries. Nous disons trop en parlant de culture à propos de ce végétal, car il ne s'agit que de le mettre une fois en terre. Comme les divers agaves (caratas) du pays, il vient sur les plus mauvais terrains.

On sait que Bourbon exporte uniquement, dans des sacs de voukoa qui conviennent au mieux à l'arrimage des navires, ses sucres, cafés, girofles, riz, etc.; et si l'on a égard à l'importance des exportations de cette colonie, on jugera quelles dépenses d'enfutaillement ce mode lui épargne. Ces sacs, vidés en France, sont encore revendus pour être employés à d'autres usages, et nous en voyons même arriver jusqu'ici remplis de sel ou d'autres marchandises.

A Bourbon, ce sont les infirmes, les convalescens qui sont chargés de la confection de ces sacs. Sommes-nous donc si riches que nous dédaignions une telle économie et que nous envoyions à grands frais nos sucres, nos cafés, nos girofles, dans des boucauts, des barils, des sacs de toile? Il ne nous est pas même démontré que les sacs de voukoa ne fussent propres à l'envoi du rocou, car on aurait tort de penser que l'eau qui, des pains de rocou, s'égoutte dans la barrique, a une valeur quelconque ; le premier soin à l'arrivée est de percer le fond et de laisser égoutter l'eau avant de soumettre la barrique à la balance. Disons, en passant, que l'exportation du rocou en 1839 a nécessité l'emploi de 3,000 barriques qui, à 12 fr., ont causé une dépense de 36,000 fr.

Ayant entrepris une culture qui devait exiger l'emploi de sacs, nous avons fait, dès l'origine, tous nos efforts pour nous procurer des plants et surtout des graines de voukoa, sans pouvoir y réussir : il nous est pénible de dire que notre persévérance s'est lassée de ne pouvoir obtenir ce que l'on laisse perdre sans profit pour personne. Ceci est d'autant plus fâcheux que nous eussions donné un exemple utile, et l'on sait qu'en beaucoup de choses il ne faut qu'un exemple en relief pour amener l'imitation.

Le voukoa se retrouvera quand nous parlerons des plantes textiles et des matériaux de sparterie à donner aux jeunes filles.

Les Bois.

L'exploitation des bois de construction ne peut être considérée que comme une industrie locale, pour fournir aux besoins du pays.

A diverses époques, on a pensé trouver là un important objet d'exportation ; la marine royale a cru y trouver des matériaux pour ses constructions, mais il a bien fallu reconnaître que la nature de ces bois était, à quelques exceptions près, peu favorable à la construction des navires. Nous sommes certain cependant que les madriers, bordages, et planches de carapa, cèdres et quelques autres, seraient fort recherchés en France pour les planchers et les parquets, mais le prix du revient est trop élevé pour que le commerce y trouve du profit et fasse de grandes commandes. L'exploitation en serait, il est vrai, grandement facilitée par l'emploi de scieries mécaniques, mais ces sortes d'établissemens sont difficiles à alimenter, parce que les bois ne croissent point par familles dans les forêts de la Guiane, que beaucoup d'arbres sont vicieux, ce que l'on ne reconnaît qu'après les avoir abattus, et qu'il faut prendre çà et là, et souvent fort loin ceux qui doivent alimenter la scierie.

Celle de feu M. Power a été conduite avec toute l'intelligence d'un homme habile et qui ne reculait que devant l'impossible ; elle n'a pu cependant se maintenir, par suite des causes que nous venons d'indiquer.

L'Européen qui pénètre dans les forêts vierges de la Guiane éprouve un sentiment d'admiration à l'aspect des arbres gigantesques dont elles sont formées ; mais s'il n'est pas poète et qu'il les considère sous le rapport du produit qu'elles peuvent donner, il est exposé à commettre de grandes erreurs. On ne réfléchit pas assez qu'en Europe, rien n'est perdu dans une coupe de bois ; les pièces de charpente de toutes dimensions, les courbes, les branches, les racines et jusqu'aux fagots, tout est profit. A Cayenne, on n'exploite les bois que pour les seules pièces propres à la la construction, tout le reste est perdu, et il faut souvent abattre bien des arbres pour en avoir un seul qui fournisse ce que l'on cherche. Puis arrivent les difficultés du hallage pour atteindre le point d'embarquement, hallage qui ne se fait qu'à force de bras dans un pays si peu peuplé. Aussi l'exportation des bois d'ébénisterie, la seule qui ait lieu aujourd'hui, ne s'est montée, pendant les huit dernières années, qu'à la somme de 180,350 fr., ce qui donne une moyenne annuelle de 22,544 fr., encore dans cette somme est comprise celle qui provient de l'exploitation du bois de palmier pataoua, que la mode avait mis en faveur, quoique l'on dût plutôt conserver cet arbre pour récolter son fruit oléagineux, que l'abattre pour avoir une fois pour toutes le mince profit de son bois.

Mines de Fer.

Le sol presqu'entier de la Guiane est ferrugineux, et il est déplorable que l'idée ne soit encore venue à personne d'exploiter cette source de richesse. Le fer rapporte plus à l'Angleterre que l'or et l'argent au Pérou et au Mexique. Nos montagnes ferrugineuses pourraient, à peu de frais, être exploitées comme le sont celles des Pyrénées, du Cornouailles, de Suède et mille autres. Il ne s'agirait point, au moins dans le principe, de manufacturer le fer, mais seulement de réduire le minerai en fonte brute. Rien ne serait plus facile que d'établir des hauts fourneaux sur nos montagnes ferrugineuses ; l'argile est là pour les construire, le minerai et le bois de chauffage inépuisables sont à pied d'œuvre ; des pentes rapides, des ruisseaux, des criques navigables débouchant dans les rivières, tout offre la facilité du transport de la gueuse jusqu'à bord des navires qui doivent la recevoir. De tels établissemens ne demanderaient, dans le principe, que des carbets, si faciles à construire dans le pays, et il faut peu de bras pour alimenter les fourneaux. Mais ici, comme pour tous les établissemens à former, nous demanderons qu'ils le soient par des hommes pratiques spéciaux. Pour cette création, on trouverait des contre-maîtres dans les forges à la catalane de l'Arriége, que nous jugeons avoir le plus d'analogie avec celles à créer à la Guiane.

Plantes Textiles.

Les plantes textiles croissent en abondance et spontanément à la Guiane : tous les agaves sont de ce nombre, et il y en a une foule d'espèces. La pitre, en première ligne, donne un fil d'une grande beauté ; l'agave, appelé dans le pays *citron de terre ;* l'agave mexicain, importé, ainsi que le *voukoa*, et qui s'y sont parfaitement naturalisés, ne cèdent en rien à la pitre, et lui sont supérieurs par le plus grand développement de leurs feuilles et l'aptitude qu'ils ont à prospérer sur les plus maigres terrains.

On tire un excellent fil de l'écorce d'une foule d'arbres sauvages, et notamment de ceux du genre *mahot*. Nous avons vu des cordes de hamac faites par un Indien avec l'écorce de l'une de ces espèces, que l'on aurait dites faites avec des fils d'argent. Le petit mahot, qui se sème de lui-même dans les terrains frais, et qui couvre le sol, est un véritable chanvre. Le tronc du bananier ne se compose que de fil et d'eau. Parmi ces musa, l'*abaka*, importé de l'Inde et bien acclimaté à la Guiane, est remarquable encore plus par la force de sa partie textile. Depuis quelques années, les Américains importent dans la colonie des canevas tissus avec le fil de l'abaka, et on les recherche pour les tamis à passer le rocou, des châssis de fenêtre, des moustiquaires, etc. Nous avons en France des robes, dites d'écorce, tissées avec les fils les plus fins de ce végétal.

Les palmiers offrent aussi des filaments dont, partout ailleurs, on sait tirer un grand parti, pour des cordages, des tissus, des nattes, des hamacs, etc. Nous payons fort cher des chapeaux supposés venir de Panama, et les feuilles du cœur de plusieurs de nos palmiers sont les matériaux avec lesquels on les fait, ainsi que ces belles pagnes de Madagascar, dont les élégantes de la capitale sont si empressées de se faire faire des chapeaux.

Il y aurait là matière à industrie pour les jeunes filles de la nouvelle population, et il suffira, nous osons l'espérer, de suggérer cette idée aux respectables sœurs chargées de diriger la salle d'asile, pour les décider à créer cette industrie qui n'est, après tout, que l'une de ces œuvres de patience et de délicatesse si bien exécutées dans les couvents.

Nous ajouterons, puisque ce sujet arrive sous notre plume, que ces jeune filles, avec l'éducation morale et religieuse qui leur est indispensable, n'apprennent aujourd'hui que la couture. Mais elles trouveront là plus tard la même concurrence que les garçons dans les états mécaniques. Qu'on leur prépare donc pour leur avenir des moyens d'existence plus assurés. Elles devraient être instruites de bonne heure dans les travaux de la basse-cour, dans ceux réservés aux femmes lorsqu'elles entreront dans un ménage agricole. Tout devrait tendre à les préserver de ce goût de dissipation dont la ville ne donne que trop d'exemples. Les petits travaux industriels qui leur auront été enseignés dans leur bas âge, emploieront leurs loisirs et accroîtront leur aisance. Le pays offre une foule de ressources dans ce genre, et nous ne négligerons pas d'indiquer que, dans ce nombre, on peut comprendre la préparation des parfums. Ils trouveraient au dehors d'amples débouchés. Les végétaux qui les fournissent abondent dans le pays, et leur partie aromatique est bien supérieure à celle des végétaux des pays tempérés.

En revenant sur l'emploi des plantes textiles, nous dirons que nous ne pensons pas qu'elles soient employées immédiatement à en retirer les fils pour des tissus ; mais ce qui pourrait se faire dès aujourd'hui, ce serait de leur demander la matière brute de la pâte à papier, matière demandée avec instances en Europe, où les chiffons de fil manquent et sont mal suppléés par ceux de coton.

Nous avons vu des échantillons de papier magnifique fait avec la partie corticale de la canne à sucre. Nous savons, sans nous rappeler l'époque précise ni le nom de l'inventeur, que la Société pour l'encouragement de l'industrie nationale a décerné, il y a un certain nombre d'années, un prix de 4,000 francs à un industriel qui lui avait présenté du papier aussi beau que celui de Chine, fabriqué avec le bambousier de Cayenne ; ces végétaux, ainsi que ceux que nous avons indiqués plus haut, fourniraient, sans nul doute, d'excellente pâte à papier ; mais nous ne voyons point immédiatement là un moyen prompt, facile, de donner en principe un travail à la génération dont il est si instant de s'occuper. Ce moyen se trouvera dans l'emploi du barlourou du pays.

Ce végétal, qu'un coup-d'œil superficiel rangerait dans la classe des *musa*, en diffère sous nombre de rapports, et notamment dans son mode de reproduction qui a lieu par ses semences. Son tronc, au lieu d'être arrondi, est méplat, et ses larges feuilles, placées des deux côtés de la tige, forment un immense éventail. Ses feuilles, du même aspect que celles du banannier, sont plus grandes, plus épaisses et non sujettes à se déchirer en rubans par l'action des vents. Le tronc, comme la côte des feuilles, sont composés de fils d'une grande tenacité et qui sont employés à lier toutes sortes de paquets.

Le barlourou est une plante providentielle pour la Guiane. Ses feuilles sont employées à tout : à envelopper les pains de rocou, les paniers légers dans lesquels on transporte la farine de manioc, les paquets de cassave et tout ce qu'on veut garantir de la pluie ; mais leur principal usage est celui de couvrir les cases, les carbets, les hangars, les étables, les petites manufactures et mêmes de très grandes : ces couvertures très légères durent plusieurs années.

La nature a multiplié d'une manière inouie cette plante utile ; on la trouve partout dans les endroits frais, à l'abri des bois revenus. On ne saurait la détruire, car ses feuilles poussent en cornet ; tant qu'elle n'est pas déracinée, elle repousse promptement après avoir été coupée.

C'est donc avec le barlourou que l'on pourrait, sans culture préalable, sans usines, fabriquer immédiatement autant de pâte à papier brute que l'on voudrait. Aussi ne balançons-nous pas à indiquer la manière simple dont on pourrait opérer.

Tout transport est difficile à la Guiane quand on est loin des cours d'eau qui, heureusement, y sont très-rapprochés. Aussi les troncs et les côtes du barlourou seraient fort lourds à porter à travers les friches et à têtes d'hommes. Il faudrait donc choisir, le plus près possible d'une rivière, un bois fertile en barlouroux, et cela se trouve partout ; on couperait et l'on fendrait les tiges, ce qui est la chose du monde la plus facile, car d'un seul coup de sabre on abat le plus épais de ces végétaux, on séparerait la côte des feuilles, et tiges et côtes seraient passées à un laminoir en bois, pour en extraire l'eau qui s'y trouve dans le rapport de 80 pour cent. Que ce mot de laminoir ne fasse point naître l'idée d'une machine compliquée : deux cylindres maintenus dans un bâtis et mus en sens inverse par des leviers seront suffisants pour le peu de puissance qu'on a à demander, et le premier ouvrier venu est dans le cas de l'établir.

La matière, réduite ainsi des quatre cinquièmes de son poids, serait séchée au soleil dans l'été, à la boucane en temps de pluie, puis transportée au chef-lieu, où elle serait soumise, avant d'être embarquée, à la pression d'une puissante presse, afin que, sous le plus grand poids, elle présente le moins d'encombrement possible.

C'est dans cet état brut qu'elle serait livrée aux papeteries de la métropole. Nous ne cesserons de le dire : pendant longtemps encore, les petites industries n'auront de chances de succès qu'en ne s'occupant pas de manufacturer les matières premières. La main-d'œuvre est trop chère dans le pays, les procédés chimiques trop peu répandus, les machines, les ustensiles trop coûteux pour que le profit ne soit pas absorbé ; tandis qu'en ne s'occupant que de la matière brute, on fournira du fret aux navires, aux ouvriers de la métropole un travail auquel ils sont plus propres que les nôtres ; en sorte que l'intérêt de tous se trouvera dans cette manière d'opérer.

Substances alimentaires (Vivres).

La nature a pourvu avec une grande libéralité à la Guiane, à la nourriture des hommes et des animaux. Si nous ne craignions pas de trop nous écarter de notre sujet, nous pourrions faire connaître, entre autres, le résultat de nos constantes observations sur le manioc, qui est la base de la nourriture dans ce pays, et l'on serait surpris et du peu de travail que demande sa culture, et de l'énormité de son produit ; aussi M. de Humboldt a-t-il eu raison de dire que, sur une étendue de terrain donnée, le manioc fournit plus de substances alimentaires que toutes les céréales du monde. Et cependant, par suite des circonstances climatériques, il devient périodiquement rare, et il en résulte des disettes d'autant plus fâcheuses qu'elles pèsent sur les cultivateurs et les prolétaires.

On aurait pu depuis longtemps multiplier deux arbres exotiques parfaitement naturalisés, et qui eussent donné un large supplément de nourriture pendant ces disettes, qui ne se renouvellent que trop fréquemment : nous voulons parler de l'arbre à pain d'Otahiti et du sagoutier des Moluques.

Le premier est admirable de forme et de fécondité dans les terres hautes, et précisément dans les localités où le manioc est le plus sujet à manquer.

On a objecté que l'arbre à pain donnait son fruit à une seule époque de l'année, et qu'ainsi on ne pouvait compter sur lui pour une nourriture régulière. Cela est vrai ; mais n'est-ce donc rien que d'avoir pendant trois mois une surabondance de vivres ? Nous dirons d'ailleurs, ce qui ne paraît pas connu, que le fruit de cet arbre coupé en tranches et séché au four, se conserve d'une récolte à l'autre, et que, quand on veut le manger, il n'y a qu'à faire bouillir ces tranches, qui reviennent à leur état primitif.

Mais qu'on se garde de laisser mûrir ce fruit, car alors sa pulpe à consistance de crème ne vaut rien, elle incommode même ; c'est lorsqu'il est à la consistance des ignames qu'il faut le cueillir.

Il serait donc à désirer que, sans faire de plantations spéciales de cet arbre, on en mît à distance convenable, dans ce qu'on appelle *des abattis noves* ; ils ne gêneraient point dans le principe la culture adoptée, et quand celle-ci serait abandonnée au bout de quelques années, selon l'usage du pays, les arbres y resteraient au moins ; la fraîcheur maintenue à leur pied, par leurs rameaux touffus, l'humus produit par le détritus de leurs feuilles larges et épaisses, par les fruits avortés et tombés, les maintiendraient dans un état prospère : c'est du moins ce que nous avons vu sur des habitations très anciennes de la montagne de Matoury.

Quant au sagoutier, dont la substance médullaire est la base de la nourriture des peuples qui habitent l'archipel des Moluques, il est classé, avec le manioc et le bananier, parmi les végétaux qui fournissent le plus de substance alimentaire. Nous pourrions citer ce qu'en dit Rosburgh, qui a longtemps dirigé le jardin botanique de la compagnie anglaise des Indes. Nous

nous bornerons à faire connaître, d'après lui, que le moyen produit d'un arbre est évalué à 300 kil.

Nous ignorons, et ce serait une importante observation à faire, si le fruit du sagoutier est oléagineux. S'il en était ainsi, son importance serait doublée, car il entrerait dans la classe des palmiers qui, selon nous, doivent contribuer à la richesse de la colonie.

Nous avons cru un moment que la Guiane française possédait l'analogue de ce précieux palmier dans le *bâche*, palmier à éventail, dont la description se trouvait en tout semblable à celle que M. A. de Humbolt donne du palmier-mauritia, à feuilles d'éventail, qui croît dans les marécages de l'Orénoque, comme le bâche dans les nôtres. La tige, les feuilles, les fruits sont les mêmes, et le tronc de l'un comme celui de l'autre, est rempli d'une substance médullaire qui ressemble au sagou. Le palmier mauritia que M. de Humbolt appelle même une fois bâche, et toujours le sagoutier d'Amérique, est appelé *l'arbre de vie* sur les bords du Bas-Orénoque, parce qu'il est la base de la nourriture des peuples indigènes.

Le bâche croissant par myriades dans les marécages de Cayenne, nous nous sommes empressé, aussitôt que nous avons connu les propriétés du mauritia, qui nous semblait devoir être le même arbre, d'expérimenter ce qu'on pouvait tirer de la substance médullaire dont son tronc est en effet rempli, et qui certainement pourrait fournir encore plus de substance alimentaire que le sagoutier des Moluques. Mais cette moelle, blanche, fraîche, qui nous avait fait croire à une importante conquête, traitée par tous les moyens possibles, par l'eau et par le feu, ne nous a donné qu'une substance insapide, ressemblant à la sciure de bois, et dont n'ont voulu manger aucun des animaux auxquels nous l'avons présentée.

Quels que fussent nos regrets, nous avions cessé cette expérience, lorsque, faisant une nouvelle lecture de la relation de M. de Humbolt, nous trouvâmes, dans une note qui nous avait échappé, que le palmier mauritia ne donnait sa substance nutritive qu'au moment où ses fleurs n'étaient pas encore développées, mais où elles commençaient à paraître. Nos espérances se ranimèrent aussitôt, car nous savons qu'une foule de végétaux ne donnent le produit qu'on leur demande, que dans des circonstances précises de leur végétation. Ainsi, l'*érable à sucre* donne sa liqueur siropeuse au moment de l'ascension de la sève ; l'indigotier, sa fécule, quand les fleurs vont paraître, et non plus tôt ni plus tard ; l'agave mexicain, sa sève vineuse, au moment où la flèche va sortir pour s'élancer.

Comme nous n'avions pas de bâches dans notre voisinage immédiat, nous avons communiqué toutes nos observations à M. Léon Vigué, habile planteur, dont les propriétés sont situées dans un quartier abondant en palmiers bâches. Il a procédé avec attention à de nouvelles expériences ; il a abattu des arbres aux diverses époques de leur végétation, mais il a eu le regret de ne trouver, comme nous, que des produits inutiles sous le rapport de l'alimentation. Ce bel arbre, qu'on ne peut regarder sans éprouver un sentiment d'admiration, qui élève l'âme jusqu'aux pensées religieuses, continuera donc à faire l'ornement des paysages, et à fournir, par ses fibres, aux ouvrages utiles et délicats que savent confectionner les Indiens, et qui pourraient être enseignés aux jeunes filles des Ecoles chrétiennes. Rien ne s'oppose à ce qu'on tire des feuilles de ce palmier, le même parti que l'on tire dans les îles de l'Océan Indien de celles du latanier, qui est son analogue.

Puisque nous ne connaissons pas jusqu'à ce moment le sagoutier d'Amérique, nous devons regretter que celui des Moluques ne soit pas arrivé dans la colonie à l'époque où les jardins botaniques étaient sous l'habile direction de M. Martin ; il serait aujourd'hui répandu partout, tandis que depuis quinze ans que les souches sont adultes, les milliers de semences qu'elles ont données, n'ont servi qu'à satisfaire quelques rares et tenaces curiosités.

Et puisque nous avons cité plusieurs fois le nom de M. Martin, qu'il nous soit permis de parler encore de lui, ce ne sera pas nous éloigner de notre sujet, car nous sommes convaincu que ses

méthodes de propagation des végétaux doivent être prises pour
modèles si l'on veut substituer le positif à de vaines paroles qui
n'aboutissent à rien.

Tout le monde sait dans la colonie que c'est à M. Martin que
l'on doit la dissémination des arbres à épices, mais on ne se rappelle plus peut-être, dans un pays où les traditions se perdent si
vite, les peines qu'il s'est données pour arriver à ce but : cultivateur habile, il mettait tous ses soins à former et à entretenir
des pépinières, et dès que ses souches de reproduction étaient
assurées, il n'attendait pas qu'on lui fît des demandes, mais il les
prévenait. Lié avec le plus grand nombre des habitans de la colonie, il allait souvent les visiter chez eux, emportant avec lui un
assortiment de plantes utiles, il choisissait lui-même le terrain
qu'il jugeait devoir leur être le plus favorable, et se faisant adjoindre les commandeurs et les nègres les plus intelligens, il
faisait procéder devant lui à la plantation. Sa manière de planter
a fait école, et l'on suit encore généralement ses méthodes.

Les soins qu'il donnait à la belle création de la Gabrielle ne
l'empêchaient pas de faire tous les ans un voyage dans l'intérieur
des terres, pour y faire des collections de plantes et d'animaux
pour le Muséum d'histoire naturelle, et elles étaient devenues si
considérables, qu'il en chargea un grand navire lorsque la paix
d'Amiens fit croire à la liberté des mers ; il l'accompagnait lui-
même lorsque les Anglais, avant toute déclaration de guerre,
s'emparèrent de nos navires, parmi lesquels se trouva celui qui
portait cette riche collection ; riche en effet, car elle fut vendue
dix-huit cent mille francs à Londres. La reine d'Angleterre, qui
avait acquis les plantes les plus précieuses pour son jardin de
Kew, fit proposer à M. Martin un traitement de 30,000 fr., s'il
voulait rester attaché à ses jardins ; mais refusant cette offre sé-
duisante, il retourna continuer ses travaux dans notre colonie.

Il entretenait une correspondance animée avec les professeurs
du Muséum, avec les botanistes des autres colonies, recevant des
plantes en retour de celles qu'il envoyait. Et cependant, à l'exception du court intervalle d'une paix qui lui fut si funeste, une

guerre maritime acharnée a duré pendant tout le temps de sa
gestion. Que n'eût-il pas fait s'il avait joui, comme nous en jouis-
sons nous-mêmes, d'une paix qui date déjà de vingt-huit ans,
et pendant laquelle la navigation s'est étendue? Les ports de la
riche Amérique, fermés autrefois, ont été ouverts ; les sciences
naturelles ont fait d'immenses progrès et semblent marcher à pas
de géans ! Qui peut calculer ce que l'admission d'une seule plante
peut apporter d'heureux changements dans tout un pays ? Les
exemples en sont nombreux, et il ne serait pas difficile de les
citer.

La mort de M. Martin, survenue au moment où la France ren-
trait en possession de sa colonie, a été fatale au pays. Remplacé
d'abord par un botaniste de premier rang, bien digne de lui suc-
céder, celui-ci n'a occupé ce poste que peu de temps , et il est
retourné prendre au sein de la capitale la place que ses talents
lui assignaient ; mais après lui, une période de près de vingt ans
a été plus que suffisante pour détruire ce que des hommes d'un
haut mérite avaient établi. Les jardins de naturalisation sont devenus de vastes cimetières, d'où rien ne sortait ; on a été même
sur le point de les abandonner. La mort a arrêté cette marche
funeste ; passons donc sur les tristes faits accomplis, et faisons
des vœux pour que ce poste soit occupé par quelqu'un de ces
jeunes gens actifs, zélés, dévorés du désir de bien faire, que le
muséum d'histoire naturelle élève avec tant de soins. S'il est
animé de l'amour de la science, tout lui sera facile : l'autorité,
les notabilités parmi les planteurs, l'aideront dans toutes ses recherches. Il est placé de manière à faire de Cayenne, comme y
était parvenu M. Martin, un centre de correspondance entre les
savants de tous les pays ; mais ce qui est encore plus important
à nos yeux, il pourra être le guide de ces nouveaux cultivateurs,
qu'il est instant d'appeler aux travaux de la terre ; il leur prou-
vera ce que des cultures soignées, dans un pays si riche par la
diversité des productions du sol, peuvent apporter de bien-être
dans leur existence. Par ces soins, qui lui deviendront tous les
jours plus attachants, nous ne balançons pas à le lui prédire, il

arrivera à d'importants résultats, et méritera la reconnaissance de la colonie.

En résumant tout ce que nous avons dit, on appréciera ainsi qu'il suit la position du moment :

Rien ne fait présumer que le nombre des sucreries puisse s'accroître, et l'industrie sucrière ne peut progresser que par l'adoption de méthodes de fabrication perfectionnées.

La culture du coton ne permet pas de compter sur aucune chance d'augmentation numérique. Le maintien du *statu quo* est ce qu'elle présente de plus favorable.

La culture du cafier est perdue ; elle ne sera point reprise en grand, et l'on n'a d'espoir que dans de petites plantations, pour arriver seulement à satisfaire la consommation locale.

Parmi les épices, la culture du giroflier est évidemment en décadence, et l'on hasarderait beaucoup en comptant même sur le *statu quo* actuel.

La culture du poivrier est perdue.

Celle du muscadier est sans importance, et quoi qu'il ne soit pas démontré d'une manière certaine qu'on ne pourrait lui en donner ; il n'est pas moins vrai que si l'on ne se ravise très-promptement, les souches mêmes disparaîtront de la colonie.

Le cannellier offrirait des chances certaines de succès ; quelques exemples le lui assureraient ; mais dans l'état actuel des choses, sa culture est nulle.

Les ménageries sont stationnaires ; quoique depuis de longues années on ait fait de grands et constants efforts pour les faire progresser, on n'est jamais parvenu seulement à assurer d'une manière régulière le service de la boucherie. Il y a loin de là à une exportation d'animaux vivants, de viandes salées ou séchées, de cuirs, etc.

L'exploitation des bois de construction est à peine suffisante pour les besoins du pays ; celle des bois d'ébénisterie donne lieu à une exportation insignifiante.

Les vivres alimentent le pays ; mais loin de fournir à l'exportation, les services publics dans les années de disette, qui ne sont que trop fréquentes, sont obligés de se pourvoir au dehors.

Le rocou est la culture la plus générale du pays; elle convient aux plus grands propriétaires comme aux plus petits, et Cayenne fournit seul tout celui qui se consomme dans le monde. Nous avons émis nos idées sur les expériences à tenter pour perfectionner ce produit; il nous reste à indiquer le moyen d'obvier aux inconvénients qui résultent de la baisse de son prix, comme le firent les anciens planteurs, en unissant sa culture à celle du giroflier. Ce sera le principal objet de ce mémoire.

Ce n'est pas sans dessein que nous avons parlé de plusieurs cultures ou objets d'industrie qui ne demanderaient ni beaucoup de dépenses ni beaucoup de bras. La population du pays est faible et elle est en grande partie livrée, là où la force n'exige pas le travail, à cette apathie si funeste dans tous les lieux où la douceur du climat et la fertilité du sol satisfont si facilement aux besoins de la vie. Cette classe molle et sans énergie aurait besoin d'être excitée par l'exemple de ces gens laborieux, probes, habiles, qui végètent dans la métropole, faute de place pour y exercer leur industrie et donner jour à leurs talents.

L'administration reviendra peut-être un jour sur une ordonnance qui ne permet le séjour dans la colonie que sous caution. Mais qui voudrait se charger de servir de caution à des hommes pauvres, arrivés pour se livrer au travail, mais ne pouvant être connus que par leurs œuvres? Aussi, combien de gens de cette espèce ont-ils été obligés, après avoir consommé les petites économies qu'ils avaient amassées, dans le but de tenter fortune au loin, d'aller porter leur industrie ailleurs ! On craint qu'ils n'apportent le trouble dans la colonie ou qu'ils tombent à sa charge s'ils ne réussissent pas dans leurs spéculations ; mais leur passeport est en premier lieu une garantie. Ils n'arriveront jamais en masses assez compactes pour être redoutables à la force publique, et celle-ci, organisée comme elle l'est, les tribunaux de police, comme ceux d'un rang supérieur, la police municipale dans les quartiers, offrent toutes les garanties légales et pratiques contre les vagabonds et les artisans de troubles. Nous ne comprenons pas davantage pourquoi la colonie craindrait de voir tomber à sa charge les individus qui auraient échoué dans leurs spéculations. Cette crainte n'a jamais préoccupé les états vers lesquels se portent les immigrations. Rien ne serait plus facile que d'établir des ateliers de travail obligé pour tout individu qui ne saurait ou ne voudrait pourvoir à sa subsistance ; les lois sur le vagabondage y autorisent.

Tout ce que nous avons dit précédemment n'a eu pour but que de faire voir l'état précaire dans lequel se trouvait la colonie, et combien peu elle devait compter sur la plupart de ses cultures actuelles. A présent, il s'agit de démontrer que celles qui nous échappent doivent être soutenues d'abord et peuvent successivement être remplacées par celles que nous proposons. Entrons donc en matière :

Des palmiers, et spécialement du palmier à huile, d'Afrique.

Un très grand nombre de palmiers croissent spontanément sur le sol de la Guiane, sans qu'on en ait tiré tous les avantages qu'ils pourraient procurer.

Les végétaux de cette classe qui ont été introduits dans la colonie y ont prospéré comme sur leur sol natal. Nous citerons le cocotier, le palipou, le palmier de la Guadeloupe, qui sont généralement répandus, le sagoutier, qui devrait l'être, le latanier, l'arecque, le cariota et bien d'autres dont le nom nous échappe. Mais leurs propriétés, les produits utiles que l'on peut en tirer n'ont point encore été étudiés avec cette attention qu'apporte aujourd'hui l'industrie à tout ce qu'elle cherche à mettre en œuvre. Tous, par exemple, donnent des filaments propres à faire des cordages, des tissus les plus fins comme les plus grossiers, et surtout de la pâte à papier, ainsi que nous l'avons déjà dit. Nous parlerons bientôt du riche produit à obtenir de ceux de ces arbres dont le fruit est oléagineux. Le palmier arecque pourrait également être utilisé, et c'est à tort qu'on ne l'a considéré jusqu'à ce jour que comme arbre d'ornement. Cet arbre, venu des Indes-Orientales, s'est parfaitement acclimaté à Cayenne. Sa forme est élégante ; sa tige, peu élevée, arrive très-promptement à l'état adulte, et, comme tous les palmiers, celui-ci donne abondemment des fruits dont on ne tire aucun parti, et que l'on laisse tomber sur le sol. On sait cependant que la noix d'arecque, mêlée avec la feuille de bétel, est un objet de grande grande consommation dans le Levant. Or, le bétel est également bien acclimaté à Cayenne ; il serait donc plus facile d'approvisionner le Levant de ces productions par la voie de Marseille que par celle des caravannes, qui la fournissent de temps immémorial. Le palmier arecque pourrait ainsi devenir l'objet de l'une de ces cultures faciles que nous ne cesserons d'indiquer comme devant être faites par les petits cultivateurs.

Nous repousserons toujours l'objection qui nous serait faite du risque que l'on court à mettre sur la place un nouveau produit. On n'y sera pas exposé en opérant successivement, et s'attachant à des objets de production d'une consommation assurée. Nous n'avons jamais perdu la mémoire de ce que nous avons entendu dire dans notre jeunesse à l'un des administrateurs le plus énergique de la Guiane : « Faites de la denrée, Messieurs, disait-il à une assemblée de planteurs, faites de la denrée, et, s'il le faut, le commerce vous enverra des navires *par-dessous* la mer pour venir la chercher ! »

Les choses ne vont point aussi lentement qu'autrefois dans ce siècle de la vapeur. A peine depuis peu d'années avait-on expédié en France quelques billes du tronc du palmier pataoua, que la mode s'en étant emparée de grandes demandes en ont été faites immédiatement ; déjà il faut aller chercher au loin un arbre que la nature a mis des siècles à produire, et que quelques coups de hache détruisent. Il nous semble voir le sauvage abattre l'arbre pour avoir son fruit, nous qui considérons le palmier pataoua comme devant enrichir celui qui se contenterait de cueillir son fruit. Mais parmi les palmiers exotiques, le plus important, celui d'Afrique appelé *aouara pays nègre*, dont on obtient l'huile de palme, est celui qui a donné le signe le plus positif de naturalisation, puisqu'il se reproduit de lui-même, et qu'on le trouve aujourd'hui dans les friches (*yniamens*), où les oiseaux ont transporté ses semences.

Dans un pays où, comme nous l'avons déjà dit, les traditions se perdent si promptement, il est convenable de constater que c'est à M. de Kerkowe que l'on devra peut-être le développement que doit prendre la culture de cet arbre précieux ; car c'est sur les arbres plantés par lui que nous avons fait la plupart des observations que nous allons faire connaître. M. de Kerkowe a toujours mis le plus grand empressement à se procurer les végétaux qu'il pensait devoir être utiles au pays, et à les distribuer avec une libéralité dont on doit lui savoir gré.

Parmi ces végétaux dont il cherchait à obtenir des plants ou des semences, se trouve le palmier d'Afrique. En 1806, il acheta d'un noir de M. Terrasson six graines de ce palmier au prix de 50 c. l'une, et les mit en pépinière ; trois germèrent. En avril 1809, au moment de partir de la colonie, qui venait d'être prise par les Portugais, il leva ces trois plants et il les planta sur une allée. A son retour, en 1814, il trouva les trois arbres en plein rapport. Ils l'auraient donc été neuf ans après le semis. Nous aurons à revenir sur ce point important.

Les palmiers de M. de Kerkowe ont toujours profité depuis ce temps-là, quoiqu'ils soient plantés sur des îlots de terre haute dont le sol, de médiocre qualité, n'admet guère les arbres fruitiers du pays, qui y viennent assez misérablement. M. de Kerkowe nous a donné un régime provenant de ses arbres, qui s'est trouvé peser 75 kilog. Voulant ensuite détacher les cocos, nous nous y prenions fort mal, et nous voyons sourire des nègres de la côte qui nous regardaient opérer. Nous leur abandonnâmes le régime : alors l'un d'eux le plaçant debout, la tête en bas, le tint de la main gauche par le pédoncule, et frappant de la droite avec une hache le long du spadix, en un instant le sol fut jonché de tous les aouaras. Nous les leur abandonnâmes pour en manger la drupe charnue, dont ils sont très avides, à la charge de nous rendre les noyaux qui ont servi à fonder notre première pépinière.

Chez M. de Kerkowe, les deux arbres les mieux placés donnent jusqu'à neuf régimes par an ; l'autre, moins favorisé par le sol, n'en donne que quatre ; il estime qu'on ne peut se tromper en évaluant à six par an le produit moyen de chaque palmier.

Nous partageons cette opinion, car nous avons toujours vu nos arbres porter huit régimes à divers degrés de maturité, mais nous devons dire que ceux-ci étant jeunes, leurs régimes sont loin d'être de la grosseur de celui que nous venons de citer.

Le produit d'un régime bien fourni, est, malgré les moyens imparfaits d'extraction en usage dans le pays, de six litres d'huile, ce qui porterait le produit annuel d'un arbre en bon rapport à trente-six litres par an.

L'huile de palme s'est vendue à Marseille, en 1841, de 55 à 60 fr. les 50 kil., acquitté. En 1842, une baisse l'a fait descendre à 40 fr. Quoique l'accroissement continuel de la consommation des huiles de toute nature, permette d'attendre une augmentation successive de celle de palme, nous ne baserons la vente de celle-ci que sur le prix de 35 fr. à l'acquitté dans le port de vente, ce qui permet largement d'évaluer son prix dans la colonie à 25 fr. les 50 kil.

Un palmier donnant un produit annuel de 36 litres, soit 36 kil., le revenu net de cet arbre à 25 fr. les 50 kil., serait donc de 18 fr.

Ce résultat est prodigieux, mais il sera loin de surprendre ceux qui connaissent la miraculeuse fécondité des palmiers. Assurément ce n'est point seulement 6 litres qu'aurait donné le régime de 75 kil. que nous avons eu, surtout s'il avait été traité comme doivent l'être tous les fruits oléagineux pour en extraire jusqu'à la plus petite parcelle d'huile ; nous croyons donc être resté au-dessous de la réalité dans l'évaluation indiquée : mais fût-elle exagérée de moitié, de quel avantage ne serait pas encore une plantation de palmiers, alors qu'on a la certitude de pouvoir l'établir sans avances de fonds, et sans déranger en rien l'économie de la culture que l'on pratique, de quelque espèce qu'elle soit? C'est ce que nous essayerons de démontrer.

Le palmier d'Afrique vient de semences, mais nous ne conseillons point de le semer à la place qu'il doit occuper ; la graine pourrait être mangée par les fourmis et les agoutis qui en sont très friands, et par divers autres animaux, M. de Kerkowe a répandu, à diverses reprises, dans des friches, des paniers de noyaux, et il n'a pas vu les arbres se produire ; tandis que des oiseaux les ayant semés eux-mêmes, on a vu des palmiers là où l'on ne s'attendait pas à en trouver. La nature fait souvent mieux nous. Le jeune plant, d'ailleurs, serait exposé à plus d'un accident et demanderait des soins assidus que nous voulons éviter aux cultivateurs. Il faudra donc faire des pépinières, et les diriger comme on a fait avec tant de succès celle des girofliers, d'après les principes de feu M. Martin. Choisir pour cela un endroit frais, bien ameublir la terre, mettre les noyaux au moins à un pied de distance en tous sens, défendre la pépinière de l'attaque des animaux, sarcler le jeune plant, le couvrir de boucants de feuilles dans les chaleurs de l'été, arroser dans la même saison, si on le peut ; car notre pratique nous prouve que si cela est avantageux, ce n'est point indispensable.

M. L., employé de l'administration et propriétaire d'une habitation, s'est, sur les conseils de M. de Kerkowe et les nôtres, livré à la culture en grand du palmier d'Afrique. Il y procède avec une persévérance et des soins qui lui promettent un succès certain. Laissant dire les contradicteurs, il marche à ses fins d'un pas assuré, et ayant éprouvé les contrariétés que nous allons indiquer pour se procurer des semences, il a pris le parti d'en faire venir du cap Vert. Il venait d'en recevoir au moment où nous partions de la colonie ; il nous a témoigné l'intention de planter autant d'arbres qu'il le pourrait, comptant avec raison sur les ressources que procurent les récoltes pour les effectuer.

Il nous a donné sur les pépinières un avis important, que nous ne négligerons pas d'indiquer ici. Il a remarqué que de petites fourmis rouges s'introduisaient dans l'intérieur du coco par les yeux qui doivent servir d'issue au germe et au radicule, et qu'elles en dévoraient la substance. Il a obvié, de la manière suivante, à cet inconvénient, qui faisait avorter beaucoup de plants. Après avoir bien préparé le sol de sa pépinière, il y répand une couche de sable d'un pouce d'épaisseur, place, à la distance voulue, les cocos sur ce sable, et les recouvre d'une autre couche de sable. Il a reconnu que les fourmis ne venaient plus alors sur ses carreaux. Nous croyons d'autant plus à l'efficacité de ce moyen, que nous en avons précédemment éprouvé l'effet, en garantissant de cette manière nos semis de plantes potagères.

Le germe se montre plus ou moins rapidement, selon le plus ou moins de soins que l'on a donnés à la pépinière ; mais il faudra avoir soin de mettre dans celle-ci beaucoup plus de graines que ce que l'on suppose avoir besoin de plant, pour faire la part de celles qui avortent ou qui manquent de quelque manière que ce soit.

Il est essentiel de laisser au moins pendant deux ans les plants en pépinière, parce que si on les transplantait lorsqu'ils n'ont que quelques feuilles, ils seraient exposés aux accidents que nous avons voulu éviter en conseillant de ne pas semer en place. On n'y perdra rien, car le palmier, même assez grand, ne souffre pas dans la transplantation.

Ici nous nous trouvons légèrement en opposition avec M. L... Il transplante les jeunes palmiers dès qu'ils ont poussé leur premières feuilles ; et nous concevons qu'il est plus facile de les lever à cette époque ; mais cette méthode entraînerait de grands inconvéniens pour le cas des plantations d'avenir telles que nous les indiquerons. Celle de M. L... ne peut convenir qu'à des planteurs aussi soigneux qu'il l'est lui-même, et ils sont fort rares.

Ce qui réunirait de grands avantages dans la transplantation ce serait de l'opérer dans des paniers appelés croucroux dans le pays ; de laisser ceux-ci à moitié enterrés dans le voisinage de la pépinière, où ils recevraient les mêmes soins, et de ne les mettre en place que lorsqu'on serait bien assuré de leur reprise, et en saison convenable. Tel est le mode qui a été mis en pratique par feu M. Martin, et qui est généralement suivi dans le pays pour toute transplantation délicate. — Ce mode offre pourtant un inconvénient ; les croucroux pourrissent promptement, et la terre se détachant de la motte dans les transports, compromet souvent les racines des jeunes plants.

Cet inconvénient serait complètement évité si le panier de jonc était remplacé par un pot de terre d'une dimension proportionnée à la nature de la plante, et au temps qu'elle doit y rester, On ferait facilement ces pots dans le pays, où l'on fabriquait autrefois la poterie nécessaire aux sucreries. Alors le semis pourrait se faire dans les pots même, en ayant soin de les remplir d'une terre appropriée au jeune plant ; on les maintiendrait fraîchement, et lorsqu'il s'agirait de les transplanter, il ne faudrait plus que les dépoter avec leur motte entière, qui a pris la forme du vase, comme le font les jardiniers européens. Les pots serviraient pour d'autres semis.

Nous avons remarqué à la Guyane, que les arbres des forêts croissant sur un sol qui a peu de profondeur dans sa partie végétale, et rencontrant bientôt une argile plastique, n'ont généralement point de pivot, mais qu'ils étendent leurs racines au loin. Il est facile de s'en convaincre en examinant les arbres déracinés par les vents, et c'est sans doute pour cette cause qu'un grand nombre d'entre eux sont soutenus par de puissans contreforts appelés *arcabats* dans le pays. Nous avons attribué au peu de profondeur de la couche végétale, la misérable venue des arbres fruitiers que nous avions plantés avec profusion sur nos îlots de terre haute. Nous avions mis en croucroux nos jeunes plants venus de semences, et nous nous sommes assuré, après plusieurs années, pendant lesquelles ils ne profitaient pas, que la cause devait en être attribuée au pivot qui faisait de vains efforts pour percer le sous sol. Plusieurs jeunes arbres mal venus, que nous avions arrachés, nous ont en effet présenté ce pivot tordu en tire bouchon. Plus tard, nous avons retranché le pivot lorsqu'il sortait du croucrou, avant la mise en place, et nous nous en sommes bien trouvé.

Mais les palmiers n'ont pas besoin de cette opération, parce qu'ils n'ont pas de pivot ; leurs racines, de la nature de celles des asperges, s'étendent très loin ; nous en avons vu ayant cinquante pieds de diamètre. — Elles pavent le sol d'une manière inextricable, aussi bien résistent-ils aux ouragans les plus impétueux des Antilles, où ils cassent quelquefois, mais ne sont jamais déracinés. Nous attribuons, sans balancer, à cette cause la réussite des divers palmiers que nous avions plantés, ainsi que M. de Kerkowe, sur des terrains qui n'avaient pas voulu accueillir les autres arbres fruitiers.

Quoi qu'il en soit, nous pouvons citer deux exemples concluants de la facilité de la transplantation des palmiers, même fort grands.

Ayant reçu de M. de Kerkowe un de ces arbres qui avait déjà plus de deux pieds de circonférence, et que quatre hommes avaient de la peine à porter, il a subi le transport d'une habitation à l'autre, et la transplantation sans que ses feuilles fussent seulement flétries. En second lieu, nous avions deux de ces palmiers déjà fort anciens, mais qui ne profitaient pas parce qu'ils étaient plantés sur une partie de terrain abandonné, et où le feu passait tous les ans. Nous les avons mis en place convenable, ils n'ont pas souffert de la transplantation, et ils ont pris immédiatement leur élan.

Les pépinières une fois pourvues de plants propres à être mis en place, voici comme il nous semble qu'il faudrait opérer.

A tort ou à raison, l'usage constant du pays est de faire tous les ans un nouveau défriché proportionné, et le plus souvent disproportionné à la force de l'atelier : c'est ce que l'on appelle l'*abattis nore*. On cultive ces abattis pendant quelques années, puis on les abandonne, remplacés comme ils le sont périodiquement par les abattis noves successifs.

Quelle que dût être la culture destinée à ces abattis noves, vivres ou végétaux à produits de denrées, nous voudrions qu'ils fussent plantés en même temps et d'une manière régulière en palmiers d'Afrique. placés à 24 pieds de distance dans les bons terrains, et à 20 dans ceux de qualité inférieure, cela donnerait de 150 à 225 arbres par hectare, en sorte que le planteur qui ne ferait un abattis nove que d'un seul hectare par an, s'il était persévérant, se trouverait au bout de cinq ans possesseur de 750 ou de 1125 pieds, pouvant donner au bout de neuf à dix ans un revenu de 13,500 à 20,250 fr. On voit qu'il y a de la marge pour diminuer le produit, évalué à 18 fr. par arbre. Les jeunes plants profiteraient des soins donnés à la culture adoptée, sans lui nuire en rien pendant sa durée.

Une fois la culture abandonnée, les palmiers resteraient et seraient en âge de se suffire à eux-mêmes ; ils ne demanderaient plus que quelques sabrages de loin en loin, pour ne pas les laisser dans un *guiaman*, ce qui, du reste, ne les gênerait pas plus que nos aouaras indigènes ; mais si la plantation était plus considérable, le meilleur moyen de l'entretenir serait de la savanner et d'y laisser pâturer le bétail, fort avide des aouaras qui tombent, et que l'on engraisserait successivement à l'étable, au moyen des tourteaux, résidus de l'huile exprimée à la presse.

Si nous disons qu'on peut laisser les palmiers à eux-mêmes lorsqu'on abandonnera les cultures diverses au milieu desquelles ils ont été plantés dans l'origine, et entretenus jusque là, c'est que nous connaissons la vigoureuse constitution de ces arbres, et qu'ils ne souffriront pas trop de la négligence du cultivateur. Nous en voyons un exemple dans le palmier aoura indigène, qui croît spontanément dans nos plus mauvaises friches, et qui donne annuellement son fruit en abondance. Mais, qui contestera que si ces palmiers sauvages eux-mêmes étaient bien cultivés, leur fruit ne fût encore plus abondant, et surtout plus oléagineux ? Nous conseillerons donc de donner de véritables soins aux plantations spéciales du palmier d'Afrique. S'il produit beaucoup, il est évident qu'il convient de lui rendre beaucoup par le moyen des engrais. Il faut bien peu de travail pour soigner le pied de chaque arbre, dont un hectare ne contiendra que de 150 à 225.

Nous devons prévenir que le palmier à huile n'est point un arbre de marécage, comme le bâche, et que son pied ne doit point être dans l'eau. Nous en avons perdu plusieurs par cette cause; plantés dans un fond bien desséché dans l'origine, mais dont les fossés d'écoulement ont été engorgés depuis, ils ont pourri par le pied, et le vent les a renversés.

D'un autre côté, sur les terres sablonneuses de nos îlots, les grandes pluies ayant entraîné les terres qui couvrent le pied des arbres, ceux-ci ont été en souffrance, jusqu'à ce que, nous en étant aperçu, nous les eussions rétablis en les chaussant avec de la terre ; mais cette terre serait remplacée avec avantage par le terreau, détritus des bois pourris que l'on trouve partout sur ces terrains. Nous indiquerons en outre, pour le même objet, un procédé qui nous a constamment réussi dans notre pratique agricole. Voici en quoi il consiste :

Au dernier sarclage qui précède la saison sèche, nous faisons sarcler un peu profondément, et laissons les herbes et leurs mottes éparpillées sur le sol. Quand elles sont sèches, les négresses les rassemblent en petits tas ; terre, herbes, feuilles sèches et menus bois qui se trouvent toujours abondamment autour ; puis elles couvrent le tas avec de la terre qu'elles enlèvent du sol avec leur houe, laissant seulement une ouverture du côté du vent. Alors on met le feu à cette sorte de fourneau qui brûle lentement pendant vingt-quatre heures. Lorsqu'on en a le temps, ces négresses font sauter avec leur houe, le produit de cette incinération sur le pied des arbres, autour desquels les fourneaux ont été établis, et ils se trouvent ainsi chaussés d'une terre brûlée qui leur est très favorable sous plusieurs rapports,

Les négresses se mettent promptement au fait de ce travail, que nous avons pratiqué nous-même plusieurs fois sur un champ de plus de cent hectares. Nous avons constaté qu'une douce fraîcheur se maintenait au pied des arbres, par l'effet des rosées pendant les plus rudes sécheresses, et qu'aux premières pluies ces terres se couvraient de milliers de petits champignons, indice certain de la richesse de cet amendement.

Nous conseillons en toute confiance aux cultivateurs de giro-fliers, cette méthode aussi facile qu'efficace, et nous sommes certain qu'ils éprouveront moins de pertes dans les années de sé-cheresse ; que moins d'arbres mourront de ce que l'on appelle *coup de soleil*, tout en pensant que les récoltes seront plus régu-lières, les arbres n'ayant plus à subir, presque d'un jour à l'au-tre, le brusque passage d'une grande humidité à une excessive sécheresse.

On croit peut-être qu'il sera facile d'établir des pépinières : mais descendant dans le positif de la chose, ce sera là, ainsi nous le pensons, que se présenteront les premières difficultés théori-ques et pratiques.

Une chose nouvelle trouve toujours des contradicteurs ; il semble que ce soit l'une des nécessités de la nature humaine. Nous avons, par exemple, entendu déclarer que jamais une ma-chine à vapeur ne pourrait servir de moteur, dans ce pays, à un moulin à sucre. On se figure sans peine les sarcasmes, les rail-leries, les prédictions d'insuccès lancées contre nos premiers planteurs de café ou de toute autre plante, qui n'en a pas moins fini par couvrir le sol ; mais le succès obtenu, chacun prétend l'avoir prévu, personne ne s'y était opposé. Il n'y a que cent dix ans que le café a été introduit en Amérique, et vingt ans adrès cette introduction, d'immenses cargaisons de cette fève traversaient les mers. En 1796, il n'était point encore cultivé dans les riches provinces de la Côte-Ferme espagnole ; un plan-teur éclairé l'y introduisit cette même année, et en 1806, dix ans après, le seul port de la Guayra exporta 400,000 fanègues (10.000.000) de café.

Mais si l'on a pu fonder des doutes plausibles sur l'acclimate-ment des caliers, dont les premiers plans transportés à la Marti-nique sortaient d'un jardin botanique, rien de pareil ne se pré-sente pour le palmier d'Afrique, puisqu'il se propage déjà de lui-même dans notre colonie, que nous avons des exemples positifs de sa prodigieuse fécondité et que nous extrayons une grande quantité d'huile de son fruit, quelqu'imparfaits que soient encore nos moyens d'extraction.

Il y aura donc à vaincre d'abord cette répugnance éprouvée presque généralement pour l'adoption d'une chose nouvelle ; mais si l'exemple donné par M. L. est suivi par quelques autres planteurs, on arrivera à trouver aussi simple de planter des palmiers, qu'il l'est aujourd'hui de planter du rocou, dont la culture, après tout, a bien eu aussi ses commencements et sans doute ses contradicteurs, et l'on vendra un jour des plants d'*aouaras pays nègre* comme l'on a vendu des plants de girofliers.

Quant à la difficulté matérielle que nous prévoyons pour l'établissement des pépinières, elle se trouvera dans le peu de facilité de se procurer des noyaux sur les lieux. En effet : quoiqu'il y ait dans le pays assez d'arbres adultes, et que ces arbres soient assez féconds pour fournir une immense quantité de graines, néanmoins, nous sommes fondés à penser, qu'à très peu d'exception près, on ne s'occupera pas de les ramasser ; nous dirons même que la chose est en réalité assez difficile, et nous nous appuierons à cet égard sur notre propre expérience. Malgré la ferme volonté que nous avions depuis plusieurs années d'établir des pépinières, nous ne sommes parvenu à nous procurer que quelques centaines d'arbres. Les promesses de donner des graines n'étaient pas toujours tenues ; une absence de deux ans a interrompu nos recherches ; nos travaux habituels et bien d'autres causes se sont opposées à nos vues.

Dans ce pays, les nègres, fort avides de l'aouara africain, les volent partout où ils le peuvent, et comme ils les font griller pour les manger, l'amande intérieure perd sa faculté germinatrice. Il faut donc, pour établir de nombreuses pépinières, chercher des ressources plus efficaces que celles qu'offre le pays.

Les relations entre Cayenne et le Sénégal sont assez fréquentes, pour qu'il soit facile de nous approvisionner, par Gorée, des semences du palmier qui couvre le sol au Cap-Vert, et l'administration rendrait un immense service à la colonie, si elle

voulait faire les avances peu considérables qu'il faudrait pour se
les procurer. Elle a renoncé à faire venir par elle-même, de ce
même Cap-Vert, le bétail qu'elle voulait propager dans la colonie ; elle a reconnu qu'il valait mieux laisser ce soin au commerce, se contentant d'accorder soit des avances, soit des primes.
Le même mode pourrait être employé pour faire venir des boucauts de graines d'aouaras. La matière première s'obtiendra en
donnant quelques centimes aux nègres qui iront les ramasser, et
l'encouragement consisterait à payer un fret suffisant pour dé-
terminer le commerce à nous les apporter. Nous osons prédire
que jamais avances n'auront été plus fructueuses.

Comme de simples accidents peuvent faire manquer l'opération la mieux conçue, hâtons-nous de dire que les semences
oléagineuses sont sujettes à perdre leur faculté germinative au
bout d'un temps plus ou moins long, et que pour ne pas s'ex-
poser à cet inconvénient il faudra exiger rigoureusement que les
graines prises au Cap-Vert soient stratifiées dans leur fût, c'est-à-
dire qu'il faudra mettre au fond du boucaut une couche de sable sur laquelle on mettra une couche de graines, puis une autre couche de sable et remplir le tonneau de ces couches alter-
natives, la dernière étant en sable. De cette manière les noyaux
se conserveraient pendant de nombreuses années.

Nous avons à faire ici une observation encore plus importante. Il y a quelques années on importa du Sénégal à Cayenne des
graines de palmier que l'on disait une variété de celui à huile.
Ces graines étaient beaucoup plus petites que celles du pays,
mais l'on disait que l'arbre était beaucoup plus fécond encore
que celui que nous connaissons, et que la drupe charnue du
fruit donnait aussi beaucoup plus d'huile. On ajoutait encore
qu'il était bien plus tôt adulte. Toutes ces qualités étaient de nature à lui faire donner la préférence, et l'on a couru le danger
de l'adopter. Heureusement M. Perrotet a fait un voyage dans la
colonie l'année dernière, et il nous a éclairés sur ce point. Nous
avons su par ce savant botaniste, qui a résidé longtemps au Sénégal et à la Sénégambie, que cette variété de palmier n'avait

aucune des qualités qu'on lui donnait ; qu'il était, au contraire, moins fécond que celui de la grande espèce, ne donnant que deux régimes par an ; que ses fruits, moins développés, moins charnus, donnaient par conséquent moins d'huile, et qu'il ne conseillait d'en planter que comme arbre d'agrément.

En cherchant mieux que ce que l'on a, on risque donc de trouver moins, et nous conseillons aux planteurs de s'en tenir à l'espèce si bien acclimatée dans la colonie, et qui réunit tous les avantages désirables.

Les graines, une fois parvenues en abondance dans la colonie, il ne s'agit plus que de les distribuer en les disséminant dans tous les quartiers, et le moyen de dissémination le plus certain nous paraît être l'envoi des graines aux commissaires-commandants. Plusieurs d'entre eux s'intéresseront assez au progrès de la colonie, pour établir des pépinières sur leur propre terrain, mais assurément tous s'empresseront de seconder les vues de l'administration en éclairant leurs administrés sur l'avantage qu'ils trouveront à établir eux-mêmes des pépinières, et quelle que soit l'apathie qu'on nous reproche, on peut espérer qu'il se montrera encore assez de gens disposés à servir d'exemple aux autres.

Nous avons parlé de la plantation du palmier d'Afrique et de son produit présumé ; mais combien de temps faudra-t-il attendre ce rapport? M. de Kerkove atteste que les siens (et qu'on se rappelle qu'ils sont plantés en fort mauvaise terre), étaient en plein rapport au bout de neuf ans.

A ce mot, il nous semble voir reculer toutes les volontés, quoique si chacun de nous veut jeter un regard de neuf ans en arrière du moment présent, il croira se retrouver à hier.

Soit par conviction, soit plutôt par habileté, lorsque M. Martin voulut propager le giroflier, il annonçait aux habitants qu'ils entreraient en revenu au bout de cinq ans. Il est douteux que s'il eût dit la vérité, beaucoup de gens se fussent déterminés à adopter cette culture, et c'était déjà montrer assez de courage, dans l'incertitude du succès, que de consentir à l'attendre cinq ans. Mais les plants fournis par M. Martin avaient déjà trois ans de pépinière ou de panier, et ces arbres à cinq de plantation, en avaient, en réalité, huit, à partir du semis. Or, nous savons tous ce qu'est un giroflier de huit ans ; il donne du fruit en effet, mais combien ? Ce n'est pas même à quinze, en terres hautes, qu'il donne son véritable produit, et encore ne donne-t-il une grande récolte que tous les trois ans. Cependant on était lancé, il fallut bien attendre, et le moment arriva où l'on fut récompensé de sa persévérance.

Si nous disions à un individu : portez-vous avec vos nègres sur un terrain vierge, défrichez-le, plantez-le en *aouaras pays nègre*, et attendez neuf ans vos récoltes, il serait en quelque sorte excusable de ne pas nous écouter, car s'il avait des capitaux, il est probable qu'il voudrait les employer autrement, et s'il n'en avait pas, il pourrait mourir de faim en attendant ses revenus. Mais ce n'est point là ce que nous proposons, et nous ne saurions trop le répéter ; que l'habitant continue sa culture, quelle qu'elle soit, qu'il ait seulement une pépinière toujours complète, comme il a un jardin potager, et qu'à chaque abattis neuf qu'il fera, il plante à distance convenable avec son rocou, son maïs, son manioc, etc., des palmiers d'Afrique ; il n'aura plus à s'en occuper ; et s'il persévère ainsi tous les ans, sans débourser un sou, sans se livrer à l'impatience, il arrivera à la fortune.

Eh ! si nous éprouvons un amer sentiment de regret, c'est de n'avoir pas su à temps ce que nous conseillons aujourd'hui. Rien ne nous eût été plus facile que de mettre dans nos vastes plantations de poivriers, des plants de palmier à la distance dite. À cette époque nous avions les moyens de tirer nous-même du Cap-Vert toutes les semences dont nous aurions eu besoin : notre plantation eût largement admis 20.000 arbres, ils n'eussent gêné en rien nos poivriers, qui seraient arrivés de même à leur triste résultat, et depuis plusieurs années. ceux-ci auraient été remplacés par un produit colossal, à quelque faible taux qu'on veuille descendre celui du palmier, qui, du reste, est bien plu tôt en rapport sur les terres d'alluvion que sur les terres hautes.

Ce revenu eût été augmenté par le produit de deux cents bêtes à cornes par lesquelles l'intérieur des abattis eût été entretenu, aux recalages près, et par l'engrais de celles qui eussent été mises à l'étable pour y consommer les tourteaux, résidus de l'huile, tourteaux bien autrement nourrissants que ceux provenant des graines oléagineuses des pays tempérés.

Nous avons dit que le palmier d'Afrique était en plein rapport au bout de neuf ans, mais l'on sait que les végétaux arrivent successivement à ces grands rapports : ainsi nos arbres, plantés sur des îlots analogues à ceux de M. de Kerkowe, et sur lesquels, de tous les arbres fruitiers, nous n'avons vu réussir que le rustique manguier, des caratas et diverses espèces de palmiers ; nos palmiers d'Afrique, disons-nous, ont été en rapport cinq ans après leur plantation ; leurs régimes à la vérité sont encore petits, ils ont peu de graines jaunes qui sont ceux qui renferment le plus d'huile, mais dès cette époque, avec des moyens d'extraction perfectionnés, ils pourraient donner un produit suffisant pour faire attendre les grands rapports. Il est inutile de dire que le plus ou moins de promptitude de ces rapports, leur plus grande ou moindre importance dépendra de la qualité du sol et des soins du cultivateur.

Au risque d'être accusé de vouloir exagérer les avantages qu'offriraient la culture du palmier d'Afrique, nous ne pouvons nous empêcher d'ajouter que son produit serait encore notablement augmenté si l'on plantait à son pied un vanillier qui se développerait naturellement sur sa tige.

Cette plante grasse et de nature sarmenteuse croît spontanément dans les forêts de la Guiane ; mais comme les arbres y sont très rapprochés, la liane, pour jouir de l'air et de la lumière, s'élance jusqu'au sommet de l'arbre qui lui sert d'appui, et il est bien difficile de voir et d'atteindre ses gousses. On se les procure dans des clairières moins fourrées. Ce sont ordinairement les nègres qui les recherchent, et qui vont ensuite les vendre vertes à la ville où on les prépare, mais d'une manière si imparfaite toutefois, qu'elles ont peu de parfum, et qu'elles ne se conservent pas longtemps. Telles qu'elles sont cependant, on les vend toujours à un prix très élevé.

Cette mauvaise préparation doit être attribuée à deux causes. D'abord, la plupart du temps la gousse est cueillie avant sa maturité, car le vanillier est peut-être de tous les végétaux celui qui met le plus de temps à perfectionner son fruit ; il faut une année entière depuis la fleur jusqu'à la maturité. Mais la gousse, après quatre ou cinq mois, a pris tout le développement qu'elle doit avoir ; et c'est là ce qui trompe les nègres qui la cueillent, et qui ne manquent pas d'en tirer parti. Il est donc facile de comprendre que la gousse dans cet état ne peut développer beaucoup de parfum ni offrir des chances de conservation. Ensuite, on a la mauvaise habitude d'oindre ces gousses avec des huiles, du beurre de cacao, etc., ce qui, loin de développer le parfum, tend bien plutôt à hâter leur décomposition.

Feu M. Victor Bernard avait trouvé la véritable manière de préparer la vanille. Avant tout, il ne faisait cueillir que des gousses parfaitement mûres, ce qu'il reconnaissait à une légère teinte jaunâtre succédant au vert foncé qu'elles ont jusque-là. Prises à ce point, il les liait avec un fil par les deux bouts, pour qu'elles ne vinssent pas à s'ouvrir ; il les rayait longitudinalement avec une épine de palmier, puis les suspendait à un disque qu'il exposait au grand soleil, avec la précaution d'envelopper son appareil d'une gaze pour mettre la vanille à l'abri des atteintes des insectes ailés, et d'isoler le disque pour que les fourmis ne pussent s'y introduire. Quand les gousses avaient jeté leur eau de végétation, il les mettait, sans autre préparation, dans un flacon bien bouché. Nous avons vu les vanilles ainsi traitées se couvrir du givre que l'on demande à celles du premier choix, répandre un parfum balsamique, et se conserver pendant plusieurs années.

Il y a trois variétés de vanille à la Guiane : la plus estimée dans le pays, dite *bacove*, n'est point encore la véritable vanille du Mexique. Il serait facile de se procurer celle-ci, qui doit se trouver au jardin botanique de la Martinique, peut-être même dans celui de Cayenne, qui renferme tant de richesses oubliées; et le vanillier est si facile à multiplier qu'il faudrait peu de temps pour propager en grand la variété désirée; mais se contentât-on de la bacove indigène, elle donnerait encore un produit accessoire fort important, si elle fructifiait; mais c'est dans son peu de rapport qu'on a rencontré l'écueil qui, jusqu'à ce jour, a fait négliger sa culture. On comprendra facilement que beaucoup de personnes ont dû s'y livrer, car elle est attrayante sous tous les rapports : tels que l'élégance de la plante, l'abondance des fleurs, la suavité du parfum des fruits et la valeur de ceux-ci ; aussi bien en a-t-on formé des treilles, des espaliers, des buissons. Mais si la liane s'est développée partout, favorisée par la chaleur et l'humidité du climat, ce développement luxuriant a toujours amené l'avortement des fleurs, qui se montrent cependant toujours en grand nombre ; aussi se félicite-t-on de cucillir deux ou trois gousses sur une liane largement développée, et il en faut cependant de quarante à soixante pour faire un demi-kilogramme.

Si l'exemple de la taille de la vigne, pratiquée dans la colonie, ne suffisait pas comme avertissement, on pourrait étudier les méthodes suivies en Belgique, et l'on comprendrait comment, dans une serre de la ville de Liége, on a obtenu et l'on continue à obtenir jusqu'à trois cents gousses d'un seul vanillier. Il ne s'agit, pour arriver à un pareil résultat, que d'empêcher la liane de s'emporter, en pinçant l'extrémité de ses tiges; de féconder artificiellement les fleurs femelles, en secouant sur elles le pollen des fleurs mâles ; et de contrarier sans cesse la sève descendante par l'acupuncture souvent répétée à travers de ses tiges. Nous ajouterons qu'il n'est nullement à craindre de nuire au palmier en le chargeant de soutenir un vanillier. Cette liane, n'étant pas fort touffue, ne peut, dans aucun cas, s'emparer de son tuteur et l'étouffer comme le feraient d'autres lianes indigènes dont il faudra toujours avoir soin de le débarrasser. D'ailleurs, en pinçant l'extrémité de ses tiges, on empêchera le vanillier de s'étendre jusqu'à la racine des feuilles du palmier où viennent ses fleurs et ses fruits, et elles envelopperont seulement le tronc de leur tuteur.

Il n'y aurait pas plus d'inconvénients à attacher ainsi des vanilliers aux autres arbres, et il y aurait de grands avantages à en couvrir les arbres sauvages qui environneront les cultures des petits planteurs, pourvu qu'on ne les laisse pas étouffer par les lianes parasites, et en traitant la plante, comme nous venons de l'indiquer, pour la forcer à fructifier.

Après cette digression, qui n'est pas sans importance, nous revenons au palmier d'Afrique.

Nous avons à parler actuellement de la fabrication des huiles. On connait partout dans le pays le moyen de l'extraire des semences oléagineuses ; ainsi l'on fait pour les usages domestiques de l'huile d'aouara du pays, de pataoua, de comon, de ricin, de carapa, etc.: mais les moyens employés sont fort imparfaits, lents et insuffisants pour retirer des semences toute l'huile qu'elles contiennent. On pourra continuer ces méthodes dans le principe, et là où la quantité ne sera pas assez considérable pour exiger des usines. Si l'on n'a pas fait en plus grande quantité les huiles dont nous venons de parler, c'est qu'on n'a jamais songé à les exporter, et que la consommation de la ville est promptement satisfaite : mais si une fois l'exportation était établie, le petit propriétaire porterait chez le négociant sa dame-jeanne d'huile, comme il y porte aujourd'hui son panier de rocou.

Lorsque de grandes plantations seront en rapport, nul doute que l'on n'établisse des huileries, selon les principes de la science. Il s'en faut que ces usines exigent les mêmes dépenses qu'une sucrerie ; elles seraient plutôt en rapport avec les roucouries actuelles. Elles se composent d'une auge circulaire, dans laquelle est écrasé et mis en pâte le drupe charnu, par deux meules verticales mues par des animaux ; de presses, de chaudières pour traiter à chaud les 2ᵉ et 3ᵉ huiles, de barriques, etc. Tout cela est connu et ne nécessite aucune invention nouvelle,

Lorsque dans les moulins à huile d'olive on a extrait toute l'huile que contenait la pulpe du fruit, on concasse le noyau, et, le traitant à chaud, on en retire encore une huile inférieure ; cet avantage se retrouvera à un degré bien plus éminent dans le noyau du palmier : avec celui de l'aouara indigène, on fait ce que l'on appelle dans le pays, *chiochio*, employé à nombre d'usages. C'est une matière butireuse qui se retrouve dans l'amande du maripa et dans celle du palmier d'Afrique. Nous avons trouvé dans celle de ce dernier une saveur balsamique qui peut laisser soupçonner un nouveau produit. L'opération de concasser les noyaux se fera par une mécanique à moteur quelconque dans une usine complète.

Lorsqu'un besoin se fait sentir, il se trouve toujours à point des gens disposés à le satisfaire. Ainsi nous ne doutons pas que le moment venu, des industriels qui ne seraient pas cultivateurs n'établissent des usines banales pour fabriquer l'huile des petits producteurs, qui leur apporteraient leur récolte à manipuler. Ici il n'est pas à craindre que la matière s'altère dans le transport, car il faut au contraire la laisser fermenter, *pourrir*, comme on dit dans le pays, pour que la partie mucilagineuse se transformer en huile, selon une loi organique de toutes les substances oléagineuses.

Les usines établies, il en résulterait un autre bien grand avantage pour la colonie : c'est qu'au lieu de laisser perdre, en les abandonnant aux animaux sauvages, des fruits de tant de palmiers qui croissent spontanément dans les forêts et guiaments, les graines de carapa, de coupi, qui couvrent le sol dans la saison où elles tombent, il se trouverait des gens qui s'occuperaient à les ramasser. L'aouara du pays, par exemple, qui est si commun autour des habitations, et dont les nègres ramassent seuls quelques fruits, serait complètement récolté.

Nous ne terminerons pas cette nomenclature. — fort incomplète cependant —, des semences oléagineuses, sans parler du noyer de Bancoule, importé et acclimaté à la Guiane depuis un grand nombre d'années. Cet arbre, qui prend un aussi grand développement que nos plus grands noyers, donne en abondance une noix fort bonne à manger, mais à condition que l'on en enlèvera auparavant le germe. Nous savons, par notre propre expérience, que, sans cette précaution, que nous n'avons connue que plus tard, on serait tenté de se croire empoisonné après en avoir mangé. Nous avons éprouvé des nausées, des soulèvements de cœur qui n'ont pas eu de suite, parce que nous n'en avions mangé qu'une très-petite quantité ; mais cette qualité délétère a peut-être été cause qu'un si bel arbre et si productif n'a pas été plus répandu. Cet inconvénient serait nul, si le fruit était employé seulement à faire de l'huile : car l'huile conservât-elle cette qualité, elle n'en serait pas moins employée pour brûler, et dans les arts où elle équivaudrait à l'huile de noix.

Tous les arbres que nous venons de citer donnent leur fruit à une époque déterminée de l'année : le cocotier et le palmier d'Afrique seuls en produisent pendant toute l'année. C'est un avantage inappréciable, car l'on conçoit que la récolte deviendrait difficile dans une grande plantation, s'il fallait la faire dans un court espace de temps : et c'est là ce qu'il y a de pénible dans toutes les récoltes du monde, par le nombre de bras dont elles exigent l'agglomération, tandis que pour le palmier que nous prônons à de si justes titres, la récolte se répartira sur tous les jours de l'année, et se fera à loisir et sans encombrement.

Nous ne pouvons nous empêcher ici de témoigner notre surprise du dédain que l'on semble porter dans ce pays au cocotier, proclamé partout ailleurs le roi des végétaux, et dont nous ne savons tirer aucun parti, tandis qu'il est réputé ailleurs pouvoir, à la rigueur, satisfaire, lui seul, à tous les besoins de la vie.

Dans les provinces de Cumana, de Barcelone de la Côte-Ferme, M. de Humboldt nous parle de propriétaires qui se font un revenu de 8.000 piastres fortes avec la seule huile de coco. Cet arbre y est si estimé, que pour le propager plus loin que les côtes de la mer, où seulement il réussit bien, on mêle du sel à la terre où l'on veut en planter.

Une zône de soixante lieues de côtes sablonneuses qui règne de Fernambouc à Maragnan est toute plantée en cocotiers, dont la valeur est constante selon leur âge.

Aux Indes-Orientales, c'est un dicton populaire que *sans coco-tier point d'Inde*. C'est le seul végétal qui, par suite de sa grande fécondité, soit soumis à l'impôt. Les Anglais importent en Angleterre de nombreuses cargaisons d'huile de ce palmier, réputée la meilleure de toutes : et l'on sait que c'est avec la bourre qui enveloppe le coco que se font toutes les cordes employées au Brésil et aux Indes, soit sur terre, soit pour les usages de la marine.

Si l'industrie guyanaise se lançait enfin dans la culture des palmiers, seulement pour extraire l'huile qu'ils donnent avec plus d'abondance que tous les autres végétaux, celui-là fonderait un beau capital, qui mettrait en terre les cocos qu'il laisse perdre.

Quant au débouché des huiles, il n'est nullement à craindre qu'il éprouve le sort de celui du rocou qui se trouve fermé dès que cette denrée paraît un peu en masse sur les marchés. La consommation de l'Inde est indéterminée, et tous les jours l'industrie en fait de nouveaux emplois.

Ainsi donc, la culture du palmier d'Afrique réunit tous les avantages que l'on peut désirer : soins à peu près nuls, produits abondants, manipulation facile, prix satisfaisant, débouchés assurés, consommation indéterminée. Elle entraînerait en outre avec elle la mise à profit des fruits de ses congénères qui se perdent aujourd'hui sans utilité pour personne, tandis qu'on sait en tirer un si grand parti dans tous les pays que la nature en a dotés.

Nous avons indiqué les moyens faciles de propager rapidement cette culture ; il ne nous reste qu'à invoquer en sa faveur la bonne volonté de l'administration ; elle ne peut lui faillir. Des sommes bien minimes suffiraient pour faire venir du Cap-Vert, par la voie sûre et prompte du commerce, la quantité de semences nécessaires pour établir largement les premières pépinières, et l'administration possède de puissants moyens moraux d'encouragement : mais dût-elle avoir recours aux primes, soit pour la formation bien entendue des pépinières, soit pour la plantation des arbres, ou encore pour les premières exportations d'huile, assurément elle ne saurait faire un emploi plus productif d'une parcelle des deniers publics.

Ici se termine notre tâche. Nous igorons si ce travail consciencieux obtiendra la **publicité** que nous voudrions lui donner : s'il en était ainsi, nous nous attendons à ce qui arrive ordinairement à quiconque indique une voie nouvelle : mais grâce à cette même publicité, tout n'est pas toujours perdu : quelques esprits plus hardis que les autres se lancent dans la route indiquée : d'autres les y suivent, puis le sentier finit par devenir une large route que chacun parcourt alors à l'aise, croyant qu'elle a toujours existé.

FIN.